上班哪有

不 的

小川叔———著

江苏凤凰文艺出版社
JIANGSU PHOENIX LITERATURE AND
ART PUBLISHING

图书在版编目（CIP）数据

上班哪有不"疯"的 / 小川叔著. -- 南京：江苏凤凰文艺出版社，2024.9.（2024.11重印）-- ISBN 978-7-5594-8756-8

Ⅰ.B84-49

中国国家版本馆CIP数据核字第2024TOM015号

上班哪有不"疯"的

小川叔 著

责任编辑	项雷达
图书监制	蔺亚丁　薛纪雨
策划编辑	王城燕　王　迎
封面插画	青　凪
版式设计	姜　楠
封面设计	吉冈雄太郎
出版发行	江苏凤凰文艺出版社
	南京市中央路165号，邮编：210009
网　　址	http://www.jswenyi.com
印　　刷	唐山富达印务有限公司
开　　本	880毫米×1230毫米　1/32
印　　张	8.75
字　　数	172千字
版　　次	2024年9月第1版
印　　次	2024年11月第2次印刷
书　　号	ISBN 978-7-5594-8756-8
定　　价	48.00元

江苏凤凰文艺版图书凡印刷、装订错误，可向出版社调换，联系电话：025-83280257

前言

嘿！走在路上的朋友，你好！我是小川叔。

也许你是非常偶然地打开了这本书。也许对你来说，我是一个纯粹的陌生人。它是我的第六本书，曾经我计划这辈子会写十本书，如意的话，写完这一本，我的写作生涯就已经过半了。

在前五本书里，我写过自己35岁的迷茫和感悟；回忆了自己刚毕业时如何找工作，总结了一点关于简历撰写和求职面试的技巧；精挑细选过两万封给网友的回信，整理成问答集；把第一本书改版了一多半的内容，再次出版；写了出书之后自己的膨胀和弯路，也分享了如何利用写书开始第二次人生……

可以说，这一路的记录，几乎伴随着我在职场里从爬坡到登顶，从小透明到一步步建立了所谓的个人品牌。

是文字记录了我前行路上的喜悦、狂妄、痛苦，以及反思，如今也是它带着我来到了人生的下一个阶段。

这次我想写写关于辞职、下山、转弯，以及承认。

在我们一起经历那似乎有点猝不及防的三年之前，我选择从职场里下车。

原本是打算休息一阵子再做打算，但似乎总觉得哪里不对劲，不想重复过去，却又觉得无路可走，没想到上天给了我三年的思考期。

我会在这本书里试着呈现和总结在这段思考期里，我的阵痛、怀疑、恐惧，分享一些用来对抗自我无价值感、职场空白期的时间管理技巧，以及如何找到属于自己的节奏。

我会毫无保留地把自己那段时期的思考写下来，尝试回答我是如何在原本的职位"下车"，如何找到新的方向，如何重新看见自我，重新定义工作。

之所以想把这些写出来，是因为我们不得不承认，生活里总会充满着意外。

如果说三年前你可能只是想着如何给自己规划一个间隔年，如何在跳槽的间隙给自己挤出一个休息的假期，那现在你很可能要面对的是，如果外界的环境一下子将你的规划全部打乱，你要如何面对突然出现的无序状况，如何完成自我梳理和拯救。

以前我总认为不同的人有不同的路，不是所有人都需要停下来。但现在我发现，即使我们走的路不同，我们也可能会遇到一样的极端天气，会遭遇同样性质的道路冲毁。如果这时候你知道曾有人是如何挨过风雨，如何等来天晴的，那内心的恐惧会不会就能少一些？

这是一本避难手册，也是一本人生下半场的经历手册。如果你和曾经的我一样，处在人生的十字路口，或者正在遭受人生旅途中的山洪海啸，期待你读完它，会找到自己的避难所，会相信风雨终止，冬去春来。

目 录

第 1 章
摊牌了，我要辞职

1　40 岁，我辞职了·002
2　不上班可真爽·007
3　要不……还是回去上班吧·011
4　越准备，越害怕·017
5　在家适合上班吗？·022
6　不敢提钱·029
7　等活来·034
8　意外比明天来得更早一些·042
9　上班和工作的区别·047
10　永远相信美好的事情即将发生·052

第 2 章
做好自己的人生教练

1　自己和自己待一会儿·062
2　记录 + 尝试·069
3　一张纸，治好了我的直播购物上瘾症·074

4 我是怎么找到第二职业的·080
5 一个转念,治好了我的失眠·086
6 用游戏的思路开始每一天·091
7 你还在用错的方法读书吗·094
8 三个提问,养成独立思考的习惯·102
9 不妨抬头看·108
10 聊聊心流状态·115

第 3 章
什么才是我想要的工作

1 选一份什么样的工作·128
2 在未知里完成一场演讲·136
3 做擅长的事还是做喜欢的事·144
4 如何构建你的产品·148
5 跟对人,很重要·154
6 "谢谢你一度照亮了我的生命"·159
7 工作而已,它只是一种体验·166
8 无须准备 101 种解决方案·172
9 什么将是我一生的工作·177
10 如果工作是一场修行·180

第 4 章
专注做自己

1 花 20 多万学习心灵成长有必要吗 · 192
2 我到底在害怕什么 · 200
3 愤怒背后的那个人 · 207
4 在北京，我挺焦虑的 · 214
5 十分钟正念体验 · 218
6 一场神奇的教练式对话 · 223
7 用催眠的方式治愈不够好的自己 · 233
8 放下别人，也是放过自己 · 242
9 学着在爱里与自己和解 · 246
10 让我们毫不费力地去开始新生吧！· 256

后 记 40 岁以后的我们 · 265
朋友们眼中的小川叔 · 267

第 1 章

摊牌了,我要辞职

1 40岁，我辞职了

不知道有多少人和我一样，在职场里待了十年，甚至二十年，某一天清晨醒来，忽然决定不再过这种生活了。

如果这是一部电影，我想你可能会喜欢这样的开头。可惜我的人生并不是电影，它甚至粗糙到没有那么多的起承转合。

或许每个打算辞职的人，都在心里蓄谋过很久，那句"我不想干了"，无数次以各种各样的形式出现过，又或许我们都缺乏那临门一脚的勇气，总等待着冥冥之中会有什么东西来推自己一把。

关于辞职，我蓄谋了很久，真的。

是从什么时候开始的呢？

或许是从工作节奏越来越快，业余时间越来越少开始的。

或许是从升到总监，开始负责重点项目开始的。

或许是从有开不完的会，有睡不好的觉，严重失眠，面如菜色，免疫力下降，一到夏天小腿就出现密密麻麻的红疹子开始的……

如果你想让我回答出一个具体的辞职理由，我觉得以上可能都是，又似乎都不是全部。

第1章 摊牌了，我要辞职

只能模模糊糊地感觉到，我在离自己想要的东西越来越远。

工资涨得挺快，钱越赚越多，但内心的恐惧也越来越大。

作为一个地产公司，我们的土地储备不够，未来可怎么办？

如果我的身体一直这样透支下去，会不会哪天就猝死？

但如果停下来，是不是也是一种变相的懒惰？关键是我停下来，要干吗呢？

可是不辞职，整天这么被烈火油烹的日子煎熬着，我真怕再这么下去，自己的精神会率先崩溃。记得在辞职的前几年，公司一度出现了资金问题，回款不到位，融资很缓慢，于是最先从管理层开始绩效缓发，季度奖金拖欠，最严重的一次拖欠了半年，所有高管只发基本工资。那时候我很想辞职，又担心人走茶凉，欠的奖金会直接被赖掉，可以这样的精神状态上班，又无比郁闷。

即使这样，在下属面前还要表现得毫无波澜，因为他们都是全额发放，并不知道实际情况，老板也在努力找钱，在会上和大家说，要共渡难关。

可到底这个难关要渡到什么时候？每个人都没谱。

当时印象最深的就是上班乘电梯的那一刻。遇到其他部门的总监，大家真的是一脸苦相，见面都是小声嘀咕："你觉得这个月能发钱吗？""我看够呛，家里还有贷款，已经在考虑小额贷了。"

好在半年后的某一天，融资到了，财务开始转账，大家也终于露出了笑脸，这一年也就过去了……

我仿佛听到自己内心有个声音在说:"辞吧!"

先休息一段时间,反正我还能写书,写稿子,再这么熬下去,不是死于意外就是死于自杀。

说这话的时候,我已经差不多有11天无法睡着。一开始只是半夜醒来,然后还能睡着,后来忽然就睡不着了,从凌晨三点一直睁眼到七点,之后便起床去上班,开各种各样的会……

那时候我应对这种状况唯一的方式就是,不怎么吃午饭,跑到捏脚的小店去睡上一小时。

我是从集团的职能部门转为项目指导的,也算半个业务部门。之所以是半个,是因为项目的回款指标和我有关,但回款之后的利润和我无关。

千万别觉得不公平,那时候的我活得像个机器人,完全没有感受,只有指哪打哪地拼命干!

于是回款任务从14个亿到20个亿,再到24个亿,而我的睡眠时间也从8小时变成6小时,到最后的3小时。

当时的我自信又膨胀,好像有用不完的力气,觉得自己精力充沛,没有什么困难克服不了,积极主动,正向思维,每天都活在自产的"鸡血"里。

我的大脑一直处在兴奋状态,不断对自己说,你能行!你可以的!你太棒了!

我的身体却在一再地报警,也一而再地被我视若无睹。

轻伤不下火线,小病不去医院。

现在想想,还真是可怕。

这种昼夜颠倒的日子,让我的心脏不堪重负,稍微一激动就觉得血压飙升,心跳爆表。可当时的我依旧觉得这是小事。

睡不着的那段日子,每个夜深宁静的时刻,我都在自问,你觉得自己幸福吗?除了赚钱,你现在还为什么活着?这是你想要的生活吗?

那11天里,这些问题被问了上千遍,我发现我回答不了自己。

于是,那年我参加完入司十周年的最后一次年会。除了第一年因为太紧张导致过敏,这九年我都站在这个舞台上。

每年的年会堪比春晚,最长的时候持续了两天半,十三个板块我主持全场,后来年会变成了一天半,每年的定向板块:企业发展、总结和展望,优秀员工颁奖、文艺汇演……我闭着眼都能倒背如流。

我一个人做策划也做主执行,所有的流程非常熟悉,既引入创新,又呼应主题,但即便这样,每次年会彩排的那个晚上,我都会失眠。

大脑仿佛停不下来,一遍一遍地预演着可能会出现的问题和解决方案。

直到我问了自己一个问题:"如果这是你主持的最后一场年会,你希望自己是怎样的?"

一瞬间,我仿佛被闪电击中,大脑终于停了下来。

我忽然想起早年间那些熟悉的电台节目主持人、电视主持人,

当他们知道这是自己最后一期节目,知道自己即将退休,离开这个位置时,似乎都是把所有的告别,都放在了最后的那句再见里。

我听到内心里有声音对我说,如果这将是我最后一次主持,我也会像他们一样,带着对过去所有的感谢,说一句,谢谢大家,再见!

想到这儿,我沉沉地睡去。

年会结束后,我提了离职,休完年假,交接工作。

辞职的过程比想象得简单,对于平台来说,有人不干,马上就会有人顶上。

我也预料到自己接下来的几个月会开始放松,好好休息,善待自己。但那时候,我还没真正下定决心彻底离开职场,不再进入朝九晚五的职场生活。

那我是什么时候下的这个决心呢?后面会说到。

2　不上班可真爽

首先要说的是，这三个阶段都是我事后总结的。当时决定辞职的时候，根本不知道自己会经历什么，唯一的想法就是，先睡个三天再说。

然后我就和大多数辞职，或者是给自己一个间隔年的伙伴一样，开始睡睡睡，吃吃吃，买买买，玩玩玩。

所以我把第一个阶段命名为：特别爽！

可能每个上班族内心里都有很多的憋闷，不想早起，很想看剧，有很多想吃的、想去的、想玩的。

我辞职后的第一个半年几乎就是这样，那时候疫情还没有来，所以我当时的朋友圈特别丰富，给自己做好吃的，睡得饱饱的，开始去健身，尝试去练习瑜伽，同时开始去城市的各处转转，还顺便出门旅行。

种种体验都似乎在告诉我，辞职是对的。

那段时间估计同事们都烦死我了，朋友、同学也都投来羡慕的眼光。

我真的没有打算刻意去炫耀什么，但是不用早起，不用上班，

想干什么就干什么,想去哪就去哪,换了谁,内心不是乐开了花?

谁开心的时候还不发个朋友圈啊!

这种日子大概持续了半年,我终于觉得逛累了。

去了几个地方,觉得也就那么回事儿,还是家里好。

睡了一个月的懒觉,看了一个月的剧,昼夜颠倒之后,内心里有个声音开始出现:难道要一直这样下去吗?

于是我进入了第二个阶段——特虚弱。

原本以为第二个阶段会是患得患失,谁承想生病比犹豫来得更快。

这次生病,或许是心理上的疑虑,或许是身体上真的开始出问题。

那段时间是两者都有。

朋友圈不怎么发了,新奇的体验过去了,内心的小欲望也都得到了满足,那么问题就来了,之后的日子到底要怎么过?

这感觉就像小时候天天期盼着过年,可一旦天天都过年,就又觉得好没意思啊,还是赶紧开学吧!

当时我心里也没有答案,但仿佛总有一个声音在提醒自己:你不能这样……

还没等我想明白答案,身体就开始报警了,开始还是一些小毛病,紧接着就是一个大问题。

身在职场的我们,每年体检的结论和一个词息息相关,就是亚健康。

第1章 摊牌了，我要辞职

虽然最初辞职的时候会想着，这次一定要注意饮食，营养均衡，好好减肥，但是撸铁哪有吃肉香啊！

所以，辞职后我的运动时间并没有增加多少，只是把原来用来工作的时间，换成了打游戏、看剧、发呆而已。

作息改变，生活规律改变，最重要的是，原本工作里被激发的某种责任感消减了下去之后，身体的警报声就逐渐变大。

一开始我并没有打算去医院，毕竟以前工作节奏快，有点小病，扛一扛也就过去了。

现在生活节奏慢下来了，没有什么值得忍受的事情，所以身体就会格外敏感。

我开始跑医院去检查，这里有结节，那里有劳损，还查出个一直都拖着没治疗的毛病，于是就下定决心做了一个小手术。

这是我人生第一次经历一个人的全麻手术，特别兴奋，甚至还拍视频，剪成 vlog 以作记录。

原本以为手术之后，身体的毛病会咔嚓一下，药到病除。

好不容易在夏天情况好转，没想到湿疹又大面积爆发，加上疫情突袭，焦虑与恐惧接踵而来……

其实这种情况，在我辞职的前三年就已经有了，当时都是在小腿，加上不痛不痒，最多就是脚踝到膝盖长满密密麻麻的小红点。不耽误工作，也就没当回事。

可这次不一样，只是睡了一个午觉，再起身的时候，肩膀和后背就全是小疹子了。十分刺痛，还有一种牵拉的紧绷感。

上班哪有不"疯"的

　　我第一次觉得有点害怕，决定去看医生，换了好几个医院，不但没好，反而还扩散到了腋下和身侧。以前是不痒不痛，现在是又痒又痛，于是我开始胡思乱想找理由。忽然在某个晚上，头脑里冒出一个声音问自己，你是不是该回去上班了？

　　那个时候我天真地以为，也许回去上班，一切都会好起来，身体会好，精神状态也会好。没想到的是，自那时候起，我为自己展开了这么宏大的一个人生主题，大到我需要花一本书的时间来聊聊。

3　要不……还是回去上班吧

说起再次去上班,我是有过的。

那是辞职后差不多两个月,我接到了猎头的电话,经面试拿到过一个百万年薪的 offer,但后面去上了差不多一个月,还是决定放弃了。

理由很简单,一是自己没休息够,且遇上了家人生病和自己要做手术这两件事,还有一个理由是,我真的不想再重复过去的生活。

可能很多朋友会觉得我在炫耀某种优越感,哇!百万年薪啊!你怎么这么不知好歹?

其实从年薪 85 万到年薪 100 万,你看到的似乎只是收入的提升,看不到的可能是所谓的管理层维度的巨大压力,还有职场里的潜规则。

比如那一个月,我前后参加了 6 场酒局,最严重的一次喝到深夜两点才被放出来。

比如入职一周我就已经看到自己站在三个派系交错的局面里,被几方拉拢,必然要选择站队。

上班哪有不"疯"的

再比如有些事情和入职之前聊的不一样，有些说好的规则，人来了之后，就彻底改了。一方面我要忍受这样不守承诺的现状，另一方面还要考虑如何在搭建落地工作的同时，防止被中途换掉。

管理岗位从来都不轻松，你必须去开一些可能一句话都说不上的会，也必须去参加很多莫名其妙的酒局，和一些根本不熟的同事虚情假意。这些我在过去十年的升职路上都实打实地经历过了。

我真是觉得够了……

从没想过自己会到这样一个位置，更没想过百万年薪之后，要怎么规划下一步。

之后就是那段我们共同经历的居家办公的日子，我和大家一样，陷入了恐惧、焦虑和迷茫里。

我开始投递简历，但反馈不多，好不容易有几个还都是外地的，通过视频面试后，我已经在和家人商量，如果去外地上班会面临怎样的问题。后来因为疫情反复，项目进展不顺，招聘计划暂缓，我没办法过去入职。

如果不是因为这样，可能我就真的又回归职场了，身边的一些朋友也就是这个时候回去的，甚至有的还为此换了城市。

但当时我内心一直都有一个巨大的疑问：四十岁了，你到底还有没有机会和勇气，选择另外一种人生？人活着到底是为什么？

于是，就来到了第三个阶段：找自己。

可能我至今都还在这个阶段里。

忘了是哪本心理学的书里提到过，你会过自己的第二次人生。

比起过去，你没得选，需要考好大学，需要出人头地，需要找个好工作，到了时间就结婚生子……

如果人生前半场的剧本都由别人参与，自己好像是被迫出演一样，那你总会遇到一个时刻，想要为了自己做点儿什么！

山本耀司说，"自己"这个东西是看不见的，或许只有撞上一些别的什么，反弹回来，你才会开始了解"自己"。

我曾经在一次教练对话里说过这样一个隐喻："我就好像在一辆开了四十年的汽车上，过去的四十年，身边的父母亲朋都在催我要快，不快就赶不上了。"

我也真的是拼了命地猛踩油门，然后速度开始越来越快，可内心却开始出现杂念，一是恐惧，总担心太快了容易翻车；一是迷茫，早已记不得当初为什么要上路。

我到底在和谁比啊？

我为什么要一个劲地加油跑啊？

这条路是谁规定的呀？前面到底有什么啊？

这不是我选的吧？

如果让我选，我会怎么选？选什么路？这次是为了什么上路？

而且，我能不能换一辆车？或者干脆走路？

 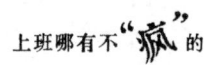

带着这些问题,我重新站在选择的路口,眼前有很多条路,包括过去的老路。如果自己不改变,那结果很容易预测,就是当一个死在路上的车手。

选择一条新的路,会有未知的恐惧,甚至有无法预测的麻烦,但如果我因此发生了改变,就算再走老路,是不是也会到达不一样的地方呢?

就这样,我开始踏上了这条"找自己"的路。也就是在这本书里呈现给你看到的样子。

从"特别爽"到"特虚弱",再到现在的"找自己",如果你问我这三个阶段经历之后有什么变化,我的回答可能会让你失望,因为我最大的变化,不是生活的变化,不是金钱多少,而是对自己的理解和接纳。

我从现在这个阶段再看之前,会对自己有更多的理解。

过去,尤其是在生病和自我怀疑的那个阶段,我总是会很努力地找方法,希望赶快冲破这种状态,就像我得了湿疹,我就很想找到一种特效药,一抹上第二天就好了。

急迫地想摆脱当下的恐惧,摆脱自己定义的糟糕状况,强迫自己向好的方向迈进。

现在我至少可以慢下来一点,懂得了眼下的病痛不是因为我辞职才引发的,而恰恰是因为我辞职了,才有了更多的时间可以去接受之前身体欠下的债。

既然是还债,就肯定需要赚一点,还一点,它一定需要一个过程。

我不再去追求单一维度的"好",因为那不是我定义的。

就像我以前定义的成功是一百分,可能这背后是源自父母的教育,职场的打击,等等,那其实都是别人的定义。

一开始我比较弱小,没有定义权,但不知道从什么时候起,我明明已经有能力去定义了,但还是会因为惯性,因为长期在"必须一百分"的环境里泡着,所以不由自主地喊着口号,去和别人争抢一百分。

最后即便我拿到了这一百分,开心也只是一瞬间。

为什么那么短暂?

是因为我并没有在心底里认可这是我自己的一百分,因为我争抢的时候,都是为了得到外人的肯定和嘉许。

我没有给自己定义过什么才是"好",什么才是"我的一百分",所以也就没办法给自己鼓励和认可。

后来见识的维度多了,我总算能有底气去重新定义。

因此,我不再求单一维度的好,也就不会再认为此刻生病的自己,是坏。

生病只是一种体验。

不被生病打倒,接受现在的自己正在生病,和那些湿疹和平相处,不找借口,不向内反噬,不自我怀疑,这就是"我定义的好"。

至今我也不知道"找自己"是不是每个人生命里都必须要有的东西。

 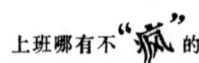

也许有的人一生都陷入在"被推着走"或者是"不得不"的状态里。

也许有的人一生都在忙忙碌碌,却觉得活得充实。

但就我自己而言,我很开心一生里有了这样一个阶段,向外看的时候,也有机会向内看,看待事情的标准,至少在看待成功这件事上,有了更多的维度和视角。

我很喜欢这样的自己,希望你也能找到这样的体验。

4　越准备，越害怕

决定告别职场，不走老路，我算是正式开始自己的自由职业之路。

为了让自己更安心一点，我还是找了一张纸，盘点了一下自己的现状。

第一个当然是经济。

我不希望自己再为了钱出发，所以就得保证自己能有的吃，有的住，我回顾了一下不上班的这段时间的日常开销，求了一个平均数。

关于如何妥善管理好自己的支出等方法论类型的东西，我都统一放在第二个章节去了，大家可以依照标题去找找看。

我自己的确会想得有点长远，有时还很悲观，会尝试把有可能发生的不好的事情，都集中想清楚。

所以我做了一个假设，如果未来十年都没有收入，我会不会饿死？

算了一下，按照目前的存款以及日常消费标准，还不会。

十年之后我五十岁，那时候再想回到职场，可能性只会更小。

 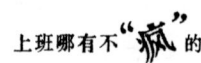

我就是想赌一把,赌这十年我可不可以找到能养活自己,并且可以为之去做一生的职业。

这是一个迟早要面对的主题。

我也试想过如果我按照低物欲的需求,是不是这些存款可以支撑 15 年,但又觉得这样生活太苦了点,如果未来离开北京,去别的城市,这还是有可能的。

盘点了经济,要开始做心理建设。

和家人商量之前,还是先要和自己对话。

我最怕的是什么?

我会怕自己十年一事无成。如果我现在可以定义属于自己的成功,如果成功不是年薪百万的话,我希望的成功是怎样的?

我希望自己是内心富足、自由安在的。

哪怕十年后,我没有大富大贵,甚至在别人看来混得还比较差,可如果能够温饱,能做自己喜欢的事,有价值感,享受每日的欢喜,这就已经是我认为的成功了。

我还怕什么?

我可能会怕自己不适应,在孤独和沉默里迷失了自己。

职场环境毕竟是他律,我又是一个喜欢和别人在一起的人,现在自己孤身独处,去寻找所谓的未来,我没有团队,即使有,可能节奏也会和大家都不一样。

我会不会显得格格不入?会不会因此怀疑自己当初的决定,甚至看不起自己?

我的确会离开世俗意义上的人群和团队,但事实是,在任何一个领域去深耕,都会遇到同行的伙伴。

那怎么确定是真的喜欢某件事呢?万一是三分钟热度怎么办?

要承认的是我非常容易移情别恋,但仔细分析又发现,我做的所有的事都有一个潜藏的脉络,那就是都和人有关,和传递有关。

就比如文字和画画,在载体上不一样,但在传递情感上是一样的。

也就是那个时候,我忽然萌生一个想法:十年后的自己55岁,去国外留学吧!去学一个艺术插画类的专业,如果考不上做个旁听生也可以。然后把内在的感受用艺术的形式表达出来,把画画当作无声的文字一样,传递温暖与爱。

完成了这两步之后,接下来就是要征求家人的同意。

我知道这很难,因为一定会遇到不被理解的情况。

爱人听完我做的决定以及我考虑的这一切,只说了一句,没事儿啊,大不了我养你嘛!

不知道是不是参考了《喜剧之王》的桥段,但是真的很令人感动。

我妈则是一直不理解,为什么好好的班不上了,在家能干什么?

这两种结果都在预料之内,所以我不意外,也借机提出了一

些要求。

比如，我和过去的状态不一样了，但不要以为我想好了就可以一下子行动起来，盲目行动只会让我回到过去的加速状态。可不加速，我可能又会觉得没有结果，毫无成就感。结合居家办公这段时期的经验，我提出的要求就是：除非我主动分享，不然别问我今天都做了什么。因为可能我今天就是什么也没做，也可能已经在心里评价自己了，你一问，我那个因为低评价造成的羞耻感就又出来了。

我一定会找到一个自己能定义的状态，高效的生活，我只是不知道如何慢下来，现在还在学，可以等等我。

再有就是我虽然做了经济的储备，但不代表我内心对钱没有动摇，所以不要用钱和收入来放大担忧，因为我也一样担心，一样没有答案。但我知道一点，就是我以后赚的钱和现在赚的钱不一样，所以我也无法回答你，面对一个新的身份和状态，从适应到自如，从接纳到能有收入需要多久……

沟通完这些，我内心依旧还是有些忐忑，我也能预知未来会有反复和冲突，但没关系，理顺了情绪，完成了决定，我觉得我要开始上路了。

我的第二个研究生专业，受到影响要延期毕业，但由此也启发了我，如果未来选择职业，那么和人打交道的教练也好，咨询也好，培训也好，是不是都是我的方向？

过去我只是以学习者的心态，了解为主，现在则是以从业者的心态在观察,我需要判断当下的市场,考虑一下是否需要走专业化的路线。

本来按照规划,我是打算认真考个证书的,通过咨询学长学姐,选了三家学习机构。按照过去我的做事风格必须是要三家比价衡量判断的,现在既然做了这个决定,那选哪一家重要吗?不那么重要,因为对"小白"的我来说,认知不足的情况下,判断是缺乏依据和高度的,还不如索性先把脚迈到门里,边学边建立认知,有了新的认知,或许就能找到新的方向。

就这样,我开启了后面两年半的专业教练学习,还在那里认识了后来为我抛来合伙人橄榄枝的同学,这是当时的我从来没想到的。

5　在家适合上班吗？

辞职后，经历了特别爽、特虚弱和找自己之后，我开始正视自己的工作。

自由职业，很多人看见的是"自由"，却忽视了其实它也是"职业"。

职场里的工作，有人给你定义工作范围、岗位职责和能力要求，而"自由职业"，一切都需要靠自己。

有段时间我经常埋怨自己，觉得一天在家无所事事，好像没创造什么价值。

明明有大把的时间，但为什么没有成果产出？

甚至有段时间，我很想在家里装一个打卡机，提醒自己，现在要开始工作。

这种自我埋怨和低评价，直到有一次，我在早高峰的时间段去参加一个活动，在地铁上的时候才忽然想明白，不是因为我太弱，自律能力不行，而是工作这个系统太强大了！

想要在自由职业这个领域重新找到节奏，就需要重新分析工作里的那些激活点，重新对自己进行训练和激活。

可能你看到这句话会觉得有点不知所云，接下来让我为你简单拆解一下。

首先，为什么每个周一你都会爬起来？

因为闹钟在响，提醒你今天是工作日，必须几点起床，之后用多久洗脸刷牙上厕所，才能赶上某点某分的地铁，对吗？

哪怕你在地铁上昏昏欲睡，可一旦到站，你还是需要加快脚步，跑到打卡机前完成签到，这样才不会被扣工资。

之后你可能匆匆走到工位，沿途或许还需要和一些同事打个招呼，整理一下桌面，擦擦桌子，泡杯咖啡，还可能会和邻座闲聊几句周末去哪玩了。

再接着，你会打开电脑，或者是拿起一个笔记本去会议室，开启一天的打工生活。

以上这些种种，其实都深深刻在你的身体记忆里，并形成了一种暗示，我称之为工作前的"状态唤醒"。

所以，哪怕我们再困再累，一旦听到闹钟，还是不由自主地起床，哪怕是闭着眼睛刷牙，坐地铁，你还是会在打卡前的一秒钟醒来，听到熟悉的一声提示音之后，开始有了一点工作状态。

这些就像是激活你工作状态的钥匙，一把接一把地提醒你，给你释放该工作了的暗号。

而进入公司之后，环境也在潜移默化地影响着你。公司提供了各种后勤保障，有保洁阿姨，有网管，有各种绿植，甚至到饭点了还有工作餐，或是走几步路就可以吃到的简餐。所有的这些

便利，都是希望你可以把更多时间用在工作上，同时也是保障你的精力不被分散。

一个是激活，一个是保障，这两点在居家以及自由职业的状态下，都需要由你自己手动完成。

如果你还没找到如何在家里激活自己的钥匙，如果你每天毫无规律，然后又花了大量的时间去打扫房间、倒垃圾、洗衣服、给自己做饭，那你的工作时间和状态一定会被压缩，又怎么可能有产出，甚至是高质量的产出呢？

上班，其实是一种看不见的体系在推动你被迫自律。经过了长年累月的训练，就会进入习惯层面，一旦条件触发，就会自动产生一系列的身体记忆和反应。而当进入了自由职业之后，原本办公室的那一套无法应对现在的状况，能帮你做定制设计的，只有你自己。

表面上，我是拒绝了职场里规定的工作日和休息日，但我还是需要决定哪天是我的工作日，哪天可以当作我的休息日。只有完成这些边界的确定，才能够把工作和生活做好切分，不混为一谈。

于是我开始了第一轮的反思。

先在纸上记录了自己每天做的事，包括各种琐事，然后再去对比工作场景，什么东西和过去相比是发生变化的？

在列了一个对比表格之后，发现原来我日常里很多做的事，都是无意识的，甚至很多无序的事情，都在分散我的精力。

比如，以前上班的时候，周六周日两天会集中洗衣服，现在不上班，洗衣服的频次就变得不固定。而洗衣机在工作的时候，声音对我是有干扰的，这段时间我无法读书和思考，很容易变成刷手机和视频。

再比如，上班的时候，早餐吃得很简单，晚餐有时候会在家里做。选择自由职业之后，每顿饭吃什么，都会成为一个思考的念头冒出来。

有时候上午10:30就已经在思考中午要给自己做什么菜了，往往11:00就开始做饭，12:00吃完下楼转转，下午困意袭来睡个午觉。如果一不小心睡到3:00，最多工作两个小时，就又要开始琢磨晚餐了。因为白天睡太多，晚上极其有精神，刷手机、看剧、上网，第二天一早睡懒觉起不来，周而复始。

统计下来，每天的有效时间和思考时间不超过三个小时，这怎么能行呢？

我开始给自己找解决办法，但找得并不顺利。为什么呢？一方面是没那么多工作，自由职业之所以自由，是因为工作很多都是随机的。

大家在职场可以偶尔摸鱼，开着电脑聊天，开会的时候发呆，假装努力地熬时间，还是有钱拿的。

可在家，当没有工作单子的时候，和上班一样，每天固定上午10点看书，这样也好辛苦啊！我明明就是不喜欢按部就班的职场生活才辞职的，为什么现在又搞得和上班一样？

有了以上的思考之后，我有了两个改变和实践。

第一个就是整理自己的日常动作，重新定义规律和匹配。

自由职业，其实就是自己做自己的老板，换句话说，你又是老板，还是后勤，所以你要自己给自己分析，你平时都在干什么，什么和什么是冲突的，而什么和什么要集中做。

大到要不要外出逛超市、理发这种周期性的事情，小到多久拖一次地，周几洗衣服。

还有就是要学会给自己定目标，不一定以日为单位，但尽量以周为单位。

把这些观察变成一个又一个有趣的试验，其实很有利于了解自己。

就比如，我喜欢在早晨构思公众号推文的思路，但往往这时都是家人吃完早饭，忙作一团的时候，我心里就觉得很烦，甚至有阶段，家人开门的声音、洗澡放音乐的声音都是对我的打扰。

于是我决定在早饭之后，带上一个笔和小本子，在小区的公园坐一会儿，整理一下思路，避开家里的嘈杂。

差不多半小时之后，家里都归于安静了，我也就可以很快速地开始写稿了。

再比如，我习惯了健身之后洗衣服，以前会觉得反正洗一次不如多洗点，于是就塞满一桶，等待的时候又无事可做，只能刷手机。

现在我会定出每周固定洗衣服的时间，在那个集中洗衣的时间去超市采购,刚好错开了吵闹,又保障了后勤。

第二个改变,是我学会了重新定义"成果"。

以前在职场里习惯性把内容当作成果,比如花两个小时写一个报告。变成自由职业之后,也带上这样的习惯,比如读完一本书要写一个读书笔记。

当很多东西不能被量化的时候,内心就会失衡,觉得自己好像什么也没干,毫无价值。

于是我决定和自己玩一个游戏。

我用记账软件,给一些自己想获得的体验,都赋予了一个价格。

就像愿望清单一样,只是这样的清单是明码标价的。

比如阳光很好的时候可以去不远的小河边走走。

比如寻找附近没去过的公园去探险。

再比如,研究一下面粉还可以做出什么新花样。

没错,我从别人定义的工作和要求里出来,那就不要再用别人的框架来捆绑自己,那就要求我需要建立一套自己的评估体系。

一开始我也不知道怎么评估,刚好发现手机里有几个常用的记账软件,便用自己的兴奋度和迫切值做衡量,给自己列一些小目标。

完成心愿之后可以获得更高的肯定,日常里的小事也可以成为滋养自己的好伙伴。

除此之外还可以做提示类的,比如:

40 分钟不看手机 =300 元

今天午睡 30 分钟 =200 元，超过一小时扣掉 10 元

  用数字化的方式，盈利的心态，和游戏的方式，我就这样一点点找到了属于自己的工作方式和保障措施。
  可能有小伙伴会好奇：那你这样的状态，遇到了工作单，要如何快速切换回高效的工作状态呢？
  这个方法我会放在第二章单独说。

6 不敢提钱

所有的学习，最后都是为了实践。

这话说起来容易，也不是什么崭新的道理，但真的着手去做时，你就发现，怎么那么难啊！

不论是教练、咨询，还是培训，都意味着要和人打交道，这个人可能是陌生人，是熟人或者是一群人，而且你要开始收费。

每次一想到要面对这样的状况，我就很想跑。

为什么呢？因为我发现自己羞于谈钱。

其实这件事在很久之前我就知道，但那时候我闭上眼假装不在意。

我记得当年跟着李海峰老师学 DISC 的时候，老师在课堂上教大家如何解读报告，然后告诉大家回去一定要去实践，至少要把学费赚回来。

我默默地听完，直到两年后以学长的身份去做分享，才从 DISC 里脱胎出一个"职场西游记"模型。我一直认为，那是学习的意义，仿佛学习只是为了提升心智，并不是为了变现。

但我自己知道，不是不为了变现，而是我不好意思。

到了教练学习,这个问题就突显出来了。

在学到第二年的时候,我们开始被要求去做实践,规定至少需要签约7—10个客户,需要自己去找客户,建立信任,找人聊天,做服务,最后完成定价销售。

我真的是很抹不开面子,就在同学里找,或者大不了两两组队,你给我350,我给你350,互为客户也算扯平。

好不容易鼓起勇气在朋友圈里遇到熟人说想聊聊,但每次都是聊得挺好,收钱的时候,我就会面红耳赤,和对方说,要不你随便给吧!

客户也被我弄得一头雾水,觉得你这没有标准,我给多少合适呢?

这种状态持续了一段时间,我的另一个借口就出来了,我觉得自己不好意思谈钱,是因为还没准备好,服务还存在欠缺,于是我开始报各种培训班。

关于技术的,关于心态的,乱七八糟地学了一大堆,但真正运用的时候,还是被打回原形。

教练对话中,有一个原则就是不给建议,我之前又是帮人做职场咨询的,咨询就很容易给建议和解决方案。

哇!这个挑战太大了,往往很多时候,我开了一个教练对话的头,发现对方一直在里面绕圈子,内心就急得不行了,然后就干脆跳出来,做个咨询得了。

做完之后,看着效果还不错,但又会觉得十分懊恼,因为我来见客户,是来磨炼新学的技术的,而不是在自己原本的领域里打转。

况且,我做咨询是799块一小时,做教练是50块一小时,现在等于是对方花了50块享受了一个799块的服务,我自己也觉得内心不平衡。

唉……

所以你也就别责怪我病急乱投医,学了那么多有的没的课程了。

其实所有的自由职业者都会面临这个问题,就是给自己服务的定价,这个背后最大的心理卡点就是自己的不配得感。

这件事最后的解决,来自同学给我们做的一堂关于销售的分享。十多年前她从专业领域转去做了销售代理,一样面临脸皮薄张不开嘴的局面。她的分享最触动我的一句话是:"你相不相信你的产品可以帮助到别人?"我们不是在售卖产品本身,我们是在送出这份信念感。

以前我总认为做销售就是要脸皮厚,不要脸,所以总觉得什么信念感之类,就是打鸡血,就是老板给大家洗脑,可等到有一天我自己开始做,才发现,原来信念感才是真正的底层逻辑。

于是趁着被激励的热度还在,我利用一次和朋友在线下吃烤肉的机会,当众磕磕巴巴地介绍了自己最近在学的这门对话技术,解释了它可以帮你做什么,然后现在以50元一次的价格,开启公开售卖。

我说得很实在，现在的我的确还是在学习阶段，所以你收获的一定不是一个完美的服务，如果你没体验过，我们可以约个时间让你来体会一下。除此之外，这个签约也是我后续作业的一部分，我并不需要一次性的客户，我可能需要和客户保持3—6次的长连接，所以总体的价格会在150—300元，也请你考虑自己的需求再决定。

万万没想到，我当场就签下了5个长期客户。真是太开心了。

转头在微信群里才知道，我那位分享的同学也已经签了好几个客户，定价是1小时600元，我都惊掉了下巴，赶忙去问她是怎么做到的。

她的回答倒是很简单，她说："因为我的时间就值这么多钱，我相信我一定可以帮到对方，我珍惜自己的时间，也为对方负责。"

听完之后，我反思了很久。我在想，为什么职场咨询我可以定价799元？因为我做了快300个小时，我做过所有的服务流程盘点，我的能力已经被平台认可，我知道自己需要准备什么，以及结束后如何交付。

为什么同样是服务，别人可以看到自己时间的价值，而我却怯怯的，仿佛在找陪练的小白鼠？

如果我现在就做不到这么有自信，那我要用多久才能确信自己新的能力可以帮到人呢？

于是我决定给自己半年的时间，这半年里先服务好这一波客户，然后做好梳理，确定价值点后，再开始重新定价……

现在我的教练对话报价经历了50元、100元、200元，即将要奔向300元一小时了，前几天有位企业的负责人让我去做对话教练，体验了之后给出了500元一小时的报价。

我的确欣喜，但也有欣慰，不只是在于自己的努力被人看到，更多的是自己看见了自己。

我能感受到，可能未来会有一段时间，我依旧会把个人客户的定价放在一个较低的位置。不是对自己不自信，而是我明白，有很多人，他们太需要被倾听。

如果咨询像是听一门课，那教练对话则更像是给自己的内心开一扇窗。

有人关注你的感受，给你反馈，给你能量，和你在一起。

那个人不是高高在上的导师，更像一个亲人，一面镜子，托住一颗心的大手。

我以前觉得学了一门技术，重点在服务别人，没想到在学的过程中，最先治愈的是自己。更没想到的是，我会由此获得了另一个崭新的工作机会和身份。

7　等活来

如果我和你说，不用去找工作，工作会来找你，你信吗？

这话放在四年前我是不信的，现在我信。

因为它发生在我身上。

还记得前文我们提到的那个分享销售的姐姐吗？她是我的同学，非常有大将风范，从一入学我就很欣赏她，但她好像挺烦我。

先说说我初入学的时候是什么样吧！

那时我刚在上一个研究生专业里受挫，不是学习方面的，而是人情方面的。我学的专业和教练方向有关，但主要是提升领导力的。

我自己是一个偏讨好型人格的人，很受不了冷场，加上我的第一个研究生专业也是在这里读的，从老师到系主任都挺认可我，那时候我是班长，还是优秀毕业生代表。

我们当时学的专业主要是市场营销和品牌，来的同学也都是做广告、公关，或者是在甲方公司负责市场的，大家聚会，玩玩闹闹几乎是常态。

所以竞选班长的时候也是抱着一定要让大家记得我的心态。

这部分我在《穷忙是你不懂梳理人生》这本书里详细写过了，就不重述了。

两年后我又报了第二个专业，还是用过去的风格和大家沟通，但总觉得同学们的气场都怪怪的，就是那种不冷不热的感觉，后来又要班长竞选，我因为之前担任过班长，所以就被提名了，最后也如愿当选。

当时自己还挺窃喜，反正做班长嘛！已经有经验了，就是把大家服务好，多做做沟通，组织组织聚会什么的就可以！我本以为不难，结果现实给了我一个响亮的大耳光！

后来问了班主任才知道，原来我们这个专业的 HR 比较多，可能是工作习惯的原因，他们看上去都会和人保持一个友好但是又不那么亲近的距离，课堂上也习惯先听别人怎么说，这种风格会导致老师要做互动的时候，下面就没什么反应，可能我基于讨好的原因，所以每次都先和老师互动，没想到这个举动却让一些同学看不过去了。

印象最深的一次，是有个大姐姐和我在一组的时候，直接怼我："我特别烦你这种嘚嘚瑟瑟表现自己的样子，你能不能先不说话！"

当时觉得像是心脏被人狠狠踹了一脚，特别想怼回去，但又觉得，不行不行，我是班长，不能和你吵，可内心又非常愤怒，非常委屈……

这件事多少给我留下了一些阴影，之后组织同学聚会，那位

大姐姐从头到尾都不参加，而且也不知道是不是她影响的关系，她们全组都不参加！

哇！真的是给我气的，就是一种快要憋气到爆炸，又无处发泄的感觉。

我又在这种情绪里产生了极大的自我怀疑和负向评价，那句话仿佛成了一个魔咒：别嘚瑟，你表现自己就是在嘚瑟。

课程上完了，但毕业延期了。我在等待的过程中，决定继续教练专业方向的学习。你能感受到我当时的心态吧！

带着这种矛盾的心态我入学了，以一种"谁也不要看到我"的姿态。

上课不抢着发言，宁可等着。

老师在台上尴尬和我没关系，我不回答，回答就是在求表现……

竞选班长，我不参加，和我没关系，我也不想管！

那时候的我比较负能量，甚至还觉得，如果当时我没有做班长，可能真的会和她大吵一架，可班长这顶帽子，仿佛是让我只能做一个好孩子，除了委屈和愤怒，没什么新的体会。

我就是在这样的情况下认识了那位很有大将风范的姐姐，她话不多，但一开口就气场十足。

我们俩不是一个组的，所以几乎没什么机会坐在一个桌上听课，偶尔遇到做练习的时候，她也并没有表示出很想和我组队的样子。

第1章 摊牌了，我要辞职

最后的班长竞选我没参加，虽然被好几个同学提名，但我还是拒绝了。

不过别看我没参加，可内在的标准却没少。

当时的班长可能比我当年的气场还弱，他组建了一个顾问团，我就在其中，顾问这种职位就是要不断地出主意，每个顾问都会有自己的想法，但最后还是需要一个人来做决策，我觉得当时班长承担了很大的压力，出现了选择困难症。

最后的结果就是，他好像和同学要了方案，最后落地的却没几个。

哇！我的这个火腾地就冒出来！心想：你不做，那你来问我干吗？给你那么多好点子，最后也没反馈，纯粹是浪费我的时间，如果你没打算落地，那下次就别问我了！

那一瞬间我也不管他能不能接受，噼里啪啦说了一大堆！

果然还是不当班长比较好，想说啥就说啥！

课程学到一半的时候，老师忽然说，如果大家真的不满意的话，可以改选班长。

开始以为是只有我一个人有情绪，结果现场变成了一个吐槽大会，还有好几个顾问也遭遇过同样的事情。

最后好几个同学推选我去接替班长的位置，那个姐姐当时也在其中，但我还是拒绝了，不是因为害怕，只是因为不想做。

我觉得，要做就一开始做，中途接这么一个烂摊子，算怎么一回事？

这件事对班长多少有些冲击，他也在现场道了歉，期望大家再给一次机会，但其实一个人带着愧疚去做事，只会压力更大，而且人想要改变自己的做事模式是非常难的……

没多久我们班要做年会了，庆祝第一阶段大家学完，同时也是和上一届的学长学姐交接。

年会这事儿我太熟了，又听说策划团里那个姐姐也在，我就去了。

结果会议开了30分钟，只有讨论没有决策。我知道班长的问题又开始出现了，总是以为尊重每一个人，却没有办法将所有人的方法拧成一个目标。关键它还是一个午餐工作会，这么讨论得啥时候才能吃上饭啊！于是我又坐不住了……

我就拿着两张餐巾纸，边说边用笔定出这次活动的目标和意义，以及如何根据这个目标去设置板块，如何烘托意义并扣题，再给出每个板块对应的标准，之后现场派任务，任命板块负责人，最后定好检查时间和截止时间，算是很快地搞定了局面。

参会的人都觉得非常痛快，我似乎也找到了以前在职场里的感觉。当时我没有在那个姐姐的脸上看到更多的赞许和肯定。

年会过后，我们要进入考试认证的阶段了，班长没有报名，一部分同学走了，留下的一部分同学和一些新同学组成了新的班级，这次又选班长，我参加了竞选，成了班长，那位姐姐成了副班长。

之后的一段时间，因为大家都在一个团队里，所以接触就多了起来。

当时最大的压力，不再是来自同学们的认可，而是来自老师和平台方的要求，我觉得自己有点拧巴，虽然执行力没有下降，但情绪起伏还是很大。

当时老师和班主任的评价，对我都有很大的影响，我自己无法调整这种情绪，好在学妹推荐了一门成长课程，我在这门课里发现，原来治愈情绪对一个人这么重要。关于情绪识别和疗愈的部分，我会在后面单独用一个章节来细说。

当我能觉察自己的情绪，也就能看到自己的需求，也就能区分什么是我的，什么是别人强加给我的。

我发现自己的情绪开始慢慢稳定，明白自己有时候讨好他人的原因是觉得自己不够好。

当我站在同学立场为他发声的时候，可能在班主任和机构的眼里，我不是一个合格的班长，同学也并不知道我做了什么，承担过什么，但只有我自己清楚，我在做一件自己想做的事。

毕业时的最后一节课，有一个小小的仪式。我收集了大家的小视频和平时课上的录像，剪辑成了一支短片，播放的时候大家都很感动。我第一次体会到，这种感动和欣慰不是来自权威的认可，不是来自他人的评价，而是来自一种氛围，来自内心对自己的认可和赞许。

毕业后，这位姐姐找到我，问我："我想邀请你来做我手里新项目的合伙人，你愿不愿意？"

我当时很诧异,说:"我两年前才来的时候就特别欣赏你,很希望和你一起做点什么,但后来发现你好像不怎么喜欢我,现在是发生了什么让你做了这个邀请呢?"

姐姐回答我说:"你最初来的时候虽然你以为你在隐藏自己,但大家都能看得到你的表现,那个光芒太锋利了,你藏不住多少,那时候你最多像是一个合格的总监,现在我觉得你有厚度了,温润了,可以做一个合伙人了。"

这句话我回去想了很久,我在想,我是什么时候发生这个变化的呢?

也许是在我既能看到自己的不容易,也能看到别人不容易的时候。

也许是我在过去害怕的权威面前,能够没有委屈和愤怒地说出自己观点的时候。

也许是我在剪辑视频的那一刻,深深感到了爱和感恩的时候。

刀的确可以越磨越快,但求锋利的同时必然也会越磨越薄,快是快,但容易折断。如果用刀的人只是把刀当作自己能力的证明,其实是人输给了刀。离开了工具,人会变得很渺小。如果人内心强大了,懂得每个人可能都有修炼成高手的潜能,懂得了敬畏,学会用爱和空杯心态去看世界,知道自己出手的一击不再全是私人情绪,不管拿的是铁棒或是树枝,都能一击即中。

厚度,是源于丰富,是经历的同时把它当做礼物收下并反馈出去。不再求一招一式的输赢,而是把人生当作一个更长的维度,去看生命给出的命题和自我到底有什么联系。

那一刻我终于感受到,自己不再是被人当作锋利的刀收入囊中,而是当作朋友,可以并肩作战。那时候的我并不知道,生命会在后面预埋一个更大的变动,等着我去体验。

8　意外比明天来得更早一些

合作的项目开始了，领域是我喜欢的，和之前的工作也有一些关系。

之所以不愿意说得很明确，也是担心姐姐现在也没有迈过这道坎。

是的，正如你猜想的那样，后来有了变化，这个变化来自一个意外。

我们公司服务的对象比较特殊，是一批专业人才。但因为当时情况有所反复，我们做完了整个项目的策划，将第一轮项目落地，就需要暂停一下，想等着情况好转后再继续，没想到姐姐忽然就失去了联系。

她再联系我的时候已经过了2022年。她在刚刚跨年还没到春节的时候给我发了一条信息，上面写着：姐不幸受伤，今天手术，接下来还需要治疗和修整几个月。

那是2022年的1月10日，她是做了很久的心理建设，才给我们这些合作伙伴发了消息。

其实她受了非常严重的伤，至今我打下这些内容，手指依旧有一些颤抖。

我不知道一个人如果曾直面生死,她原本的世界观会变成什么样,她要如何直面自己的恐惧、担忧、焦虑……

现在再看我们的聊天记录,能感受到我们两个人在手机两头的故作轻松,她怕我担心,我也怕她担心。

那一刻我的内心忽然对自己说,或许这一刻才是我们彼此赤诚认识一次的开始,两个灵魂褪去外衣之后的相见。

我做好了接下来一年可能都没有什么收入的准备,只是不知道姐姐自己能不能撑得住。

项目可以推翻重来,设计可以打散了重做,人生的阶段性可以改写,只要人还在,这才是最重要的。

1月11号中午12点50分,手机发来一条微信说:"我是姐夫,手术很顺利,怕你们担心,她嘱咐我务必用她的手机给你们报个平安。"

这件事让我思考了一个新问题,那就是生死。

那年的中秋,我回了一次老家,刚好遇到老妈身体不舒服,血压一直飙升,我能明显感受到母亲因为身体受限的焦虑,于是我提议去饭店订一桌菜,我们直接吃就好了,省得做了。

生性俭朴的母亲吃了几口就开始嫌弃饭店做得不好,我当时内心里就一阵赌气,我能理解妈妈是怕花钱,但既然这钱已经花出去了,难道就不能愉快地过个节吗?

虽然在那一刻我忍住了,但这个情绪还带到了下午,老妈坐

在院子门口和人聊天,我就凑过去陪着坐了一会儿。结果她又说起中午的那顿饭,说饭店做的菜除了贵没一个好吃的,又说到自己不中用的身子骨,然后忽然冲我甩了一句,你将来老了也会像我一样的。

我觉得心里堵得更厉害了,实在忍不住就反问了一句:"你这句话到底是关心,还是诅咒?"

我不太懂,为什么一个当妈的人不想着自己孩子将来能更好一点?

说完这句,我就转身走向房间。还没走到门口的那一刻,内心的愧疚就涌上来了,觉得自己做得好差劲,为什么身为儿子,不能体会母亲的含义,但又觉得无比气愤,为什么大过节的叫人堵心!

那年的11月,姐姐发了一个聚会的短信给我,说以前过生日从没请过朋友,今年想要热闹一下,把生病期间给予过帮助的人都感谢一下。

那是我在她手术后第一次见到她,还是熟悉的姐姐,还是能感受到她生命里那股不服输的劲依旧在。回去的路上,我一个人站在马路上,回想起我看到的这两个生命,一个妈妈,一个姐姐,为什么她们面对生死的时候截然不同?

可能是性格?可能是环境?也有可能是面对生死课题时候不同的解答方式。

我在妈妈身上看到的是恐惧,是自身的恐惧无法消解之后的转移,她担心自己,也同样担心我,所以她会用吓唬的方式提醒我。

这是她爱我的方式,她无法给出建议和提醒,只能用自己做例子,她本要说的是:不要像我一样……但可能她自己又不确信,不确信自己的儿子将来会更好,所以才会说:"将来你也会像我一样。"

人类的负向情绪是非常容易传染的,就像感冒病毒一样,因为每个人都有自己不确信的地方,而我不但没拒绝,还恰恰吸收进来。

我会因为她是妈妈,所以就不区分什么是她的局限,什么是她的想象,而什么是我的真实。

我渴望一份来自母亲的祝福。

但我的妈妈可能做不到,或许她也没从她的妈妈那里得到,所以我不能和她要她都没有的东西。

我对自己的确信不是来自母亲,而是来自自己,因为只有自己才最能面对自己,了解自己。

我在姐姐身上看到的,也有面对生命的恐惧,只是那个过程我不在场,或者她没有给我展现而已,所以我看到的都是她战胜后的结果。

我感受到的是强大,是不服输的生命力,这些或许还有一部分源于我对内心强大的一种渴望,所以我把我的渴望投射到了她身上。

如果妈妈和姐姐,是我在人生体验里遇到的正负极,我无法

左右自己会遇到什么，但我可以决定，我在哪里。

作为一个独立的个体，我可以决定自己站在正负极的哪一端。

如果发现自己在负极，母亲也好，其他人也好，都只是一个引线，只要内心对此没有预埋炸药，它们都不会点爆我。

我在责怪母亲的那一刻，放过了最该负责任的自己。

2022年年底，姐姐重开了项目会，决定要做出调整，依据现在身体恢复状况，重新定位。结束前她和我说："不好意思啊，因为我的这个身体出了问题，拖累了整个团队。"

我说："姐姐，不用不好意思，你都不知道，我在这里面体验到多么宝贵的感受，如果未来我们会一起合作十年，那拿出一年来修整身体，重新确定节奏，那这一步是很关键也很有意义的。"

没有什么事是随便发生的，也没有任何事是毫无意义的，只要你去体会，它都会给你带来不一样的感受。

9　上班和工作的区别

前段时间和别人连麦做直播,被问到一个问题说:"你是如何看待上班的?"

我说每个人的定义不同,在我自己的定义里,上班是你在忙别人的事,工作则是你在忙自己的事。

所以,我们可能不需要一辈子上班,但坦白说,我们都在一辈子工作。

我知道可能有些人会不同意,那我们换个概念,你一定听说过,它叫作退休。

可能年纪小的朋友会觉得这个概念离自己很远,但其实退休和考大学、大学毕业都差不多。在我们接收到的来自父母或学校的定义里,这几个词似乎都代表了:你可以开始另外一种生活状态了。

考上大学了你就可以谈恋爱了。

大学毕业了爸妈就不管你了。

同样,好像只有退休之后,你才能做自己,才能放开了玩儿。

可,谁规定必须有这样的先后顺序?

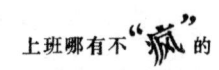

我们好像都没问过，我们默认的规则可能是十几年前甚至是三十几年前的规则。

父母觉得谈恋爱会影响学习，所以他们管这叫早恋。他们那个时代不允许，因为不允许带来的压抑，导致两个人真的在一起，体会恋爱的美妙尚且不够，哪有空去学习？

很多上了年纪的长辈，退休之后整个人就很失落，失去了司机，失去了集体，甚至感觉都失去了自我。有没有可能是他们的前半生都把工作当成了生活，一直在为别人的需要而活，根本没想过自己到底需要什么？

所以，我把上班看作是一个学习的过程。你在别人的领域去学习和体会，但它并不能代替你对工作的思考，如果你以前无意识，甚至是逃避这个思考，那你肯定会在后半场补课，去重新学习和适应。

我觉得上班只能解决存活的问题，而工作解决的则是存在。

我知道你或许会问，那选择自己喜欢的工作，把它们当作上班，不就结合起来了吗？

首先，人是会变的，对一些主题的理解也会有阶段性的差异。

所以我们可能会上不同的班，去测试自己的爱好，测试自己适不适合，甚至会通过上班会获得价值感和认同感。如果只是把上班理解为单一的维度，最后你会开始计算支出和回报，过了某个程度后开始怀疑自己上班是不是没有了意义，会觉得自己还是想要更多……

到底自己适合什么？这只能你自己总结。你在每一次上班的过程里对自己有什么发现，你做什么会觉得自己是擅长的、开心的，面对什么会觉得无助，你接受了何种新的变化。

遇到一份自己热爱且可以为之投入一生的工作不容易，它像个复杂的方程式，你一时半会儿解不开，但不用怕，细细地琢磨和发现，去回味自己的反应。

也许有些重复性的工作，重复本身就是意义。

也许过去你觉得无法跨越的沟通屏障，过几年再看，才觉得原来这么容易和简单。

我们会经历一个从无到有的过程，也自然会经历从有到无的时刻。

人生的前半程如果是加法，那后半程也许是减法。

不追求意义感也能活下去，但如果拥有了意义感，人生可能会更丰富。

人生的阶段会变，年纪会变，看待事物的态度会变。但一定有一个内在的核心是不变的，且是日渐成熟的，而这个内核，只存在于你的视角里。

以前我总觉得工作和生活要分开，不愿意把太多工作带回家，后来随着升职加薪，我发现我很不爽工作对生活的侵占，我总是想把它们完全切割开，想给自己建立一些所谓的边界。

但我发现似乎都没什么效果，身边的人，包括我自己，也都在逐渐认同一种价值观，你拿的就是这样一份钱，你的位置就意

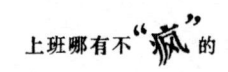

味着你要承担责任，要牺牲个人时间……

于是在我的个人价值排序里，工作不知不觉爬到了第一位，朋友、家人，都在给它让位，我越努力就越忙碌，最后只能到年底通过各种花钱的方式来为各方的亏欠买单，包括我自己。

可凡事总会有个度，我发现花钱带来的兴奋感会越来越低，随之而来的是焦虑、压力，还有自责。

我这么努力明明是为了让家人过上更好的生活，可我现在也不确认，他们住了好的房子，吃的也好了，却没了我的陪伴，这算是幸福，还是不幸？

我开始迷茫，努力的背后到底是什么，努力往前，再往前，我会得到什么。

这是我决定下车想一想的原因，然后再看看这辆越来越快、越来越华丽的车，才想起来，我从来没想过要当个赛车手，从来没想过一定要拿第一，一定要一直赢。

那我不当车手，我想当个啥？

而这或许也是你看到这儿的理由。

现在我清楚自己能胜任很多上班的要求，我可以为之一生追求的工作，是和人有关，和表达与分享有关的。

我无法预料未来我是不是还会有机会回去上班，如果真的有那样的机会，我相信出发的那一刻，一定不再是跑跑跑、赢赢赢。

我在做一件不厌烦的事，它可能会变化成演讲、培训、出书、绘画，我甚至需要在这些变化里学会很多新的技能，比如开公司、创业、做直播、留学,每一项改变,我没有恐惧,都以极大的喜悦去迎接,以敞开的内心去欢迎,因为我知道它们的到来,只会让我丰盛。

亲爱的你,我不认识你,所以也无法帮你定义你的工作。

过去做职场咨询,我帮一些人出谋划策:什么公司最合适你,告诉你什么决策是对的。如果现在的你已经经过了一段学习,你有了自己的判断和把握,那就可以换你自己来回答看看,你期待可以为之一生去做的工作,到底是什么呢?

10 永远相信美好的事情即将发生

一转眼到了这个章节的结尾。

如果你在前面看了我这三年的故事,经历的徘徊和感受之后,问我迄今为止最大的改变是什么。

我可能会告诉你,不是方法,不是沉淀,不是成长,是信念。

大概是在 37 岁的时候,我特别想给自己找一个信仰。

真的,你别笑,因为听到我提问的同学就是这么笑的,她不太理解为什么我看着生活得不错,却似乎是要皈依佛门的样子。

我说我只是觉得心累,累到很想停下来不思考,累到晚上睡觉的时候都仿佛在一遍一遍预演,预演很多不好的事情发生要怎么办。

我特别想把这颗心交付出去,找个依托。

前几天我和创始人姐姐接洽了一个新的项目,本来一切都还挺好,但一夜之间似乎又改变了。姐姐说感觉到自己似乎要回到早年那个拼命的状态,她担心自己的身体是不是能承受。我说,这种状态我也有过。

在不工作的这三年里,我经历过项目多到接不完,七个月忙得团团转,快到年底了死活做不动的情况。也遇到过十个月一个工作邀约都没有,颗粒无收、无比焦虑的情况。

当时,我发现一旦有工作来了,我很容易回到过去那种拼命加速的状态,好像不出手则已,一出手就要干出点花样来。

其实我内心里没有放松,我还是想赢。可按照老方法出手,又觉得很嫌弃,这不是换了个活法儿,这只不过是换了个场景而已,人还是过去的人,模式还是一样的模式。

唯一的区别可能就是,过去你是给老板打工,现在你是个体户。

那段时间,我刚好就去上了一个有关成长的课程。我看到了自己恐惧情绪里的沉渣泛起:担心生存问题,担心价值变低,自己不认可自己,等等,一系列的问题。直到某一次练习后,我忽然揭开了那个症结上的布。

我问姐姐,你相不相信或许这个项目的变动,它的意义本就不是来拯救我们公司的,而是让你对自己的身体有一个新的启发,以后人生的20年,要带着这样的一副身体,怎么样去重新定义工作?你到底能做什么?可以做到什么程度?

如果所有错过的机会,都是缘于我们没有准备好,那你是否相信,错过了这个,我们还会遇到下一个。

姐姐听完停顿了许久,最后缓缓地说,我不太敢相信,不太敢相信自己这么值得。

是的,这句话也是我那次在练习里看到的关于自己的真相。

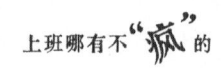

我不敢相信，不敢相信自己的未来会美好。

我蝇营狗苟的前半生里，我把自己所有的蜕变，从蜕变里带来的疼痛，都算成了自己的功勋，我把每一个转折点的选择都归功给了自己。

我去做演讲时，表面上会说，成功是不可复制的，因为时机不能复制，运气也无法复制。

虽然嘴上讲着有运气这回事，但我内心根本不相信。

我更相信人定胜天。

我的这份无知和傲慢，让我看不见世界给我的机会，只能看得见自己渺小的决策，还为此沾沾自喜。所以我越认为自己做得对，就越相信自己，越相信自己，就越焦虑……

因为我所谓的相信自己，是相信自己永远能选对，相信自己能承担选错的损失。

可……这是谁给我的自信呢？

当一个人自己活成了一个孤独的圆心的时候，他就只能看到自己，他会担忧、害怕、恐惧。他既无法预测前路，又在内心里要求自己面对变化时，必须选对。

这不就是为难自己，自己把自己架在火上烤吗？

我在想我和姐姐，我们这一代人都信奉，只有努力了才能享受收获。我们不相信不劳而获，我们也不敢相信运气，虽然嘴上承认。但事实是我们只信自己，信自己付出多少，才有资格收获多少。

可一颗种子，从种下去到开花结果，到底是人为，还是天定？

如果你一直焦虑担心，从种下种子的那一刻开始，就觉得自己必须得做点什么，最后拼命浇水施肥，可能种子还等不到破土，就被淹死了。

同样地，如果你是一个老手，你觉得你掌握了浇水施肥的规律，那你觉得成长过程里那些阴晴风雨，有没有上天的眷顾？

如果我们看不到这点，就会失去敬畏，夸大自我，慢慢就会假装强大实则渺小。于是表面上看起来很成功，实际上则是越担忧越控制，不敢放手，不肯放手，带着这种紧张，怎么可能睡得好觉呢？

我就像一个在河里游泳的人。那些睡着了被冲进河里的人，他们平躺在水面上，被河水带着去了下一站。当我们不知道为什么醒了的时候，有的人因为害怕开始挣扎，于是他们可能会更早地体会到筋疲力尽的感觉。我凭借着自己的几分小聪明，看清了河水的走向，凭借着记忆里的游泳姿势，利用河流的走向，一下子超越了好几个人。

于是我开始觉得自己无所不能，开始在河水缓慢静谧的时刻给自己定出下一个目标，依靠过去的经验继续前进，却没发现，不知不觉当中，流向已经发生了变化，我现在行进艰难，很可能是在横渡，或者是逆流。

然后我开始困惑了，为什么过去的经验不好用了？是不是还有什么我不知道的秘籍？

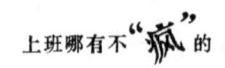

其实只是因为你不再相信自己身体的感受而已，你失去了和河水的链接，没有学着顺势而为。你的狂妄让你相信自己是正确的，相信所谓的目标是必须达到的，却忽略了或许这些并不是渺小的自己所能掌控的。

现在的我依旧置身于这条宇宙之河里，内心没有恐惧，我相信不用费力，我也会到达光明的彼岸。

可能有的朋友会说，这是不是就是躺平啊？

我觉得不是，你不妨试试，真的躺平在水面上，你需要对河水和自己有极大的信任。

我终于能坦诚地看到自己的渺小，承认外界的伟大，能学习接受所有的变化，放下是非判断，把这些当作丰富人生的体验。所以，我感受不到浮浮沉沉，只感受到被大自然眷顾和爱。

我终于感受到自己的心，被一双手托住，那一刻我感受到了安在、平静和幸福。

人，只有看到更广阔的风景，才肯低下头，才能学会感恩。

当我能低下头感恩所有得到和发生，知道万事都有它的机缘的时候，我也就学会了祝福。

于是这一刻的我能感受到自己是有光的，和过去演讲和讲课不同的是，那时候我会有一种心力枯竭的感觉，仿佛在用力把自己掏空。现在我则感受到的是，我背靠万物之源，能看得见自己依托了万物而来的平和，我没有再把自己看得很强大，也没有贬低自己，觉得自己不配。

这是一种很神奇的体验，但我的确就是这么感受到了，所以当我相信美好的事情终究会发生的那一刻，我是真的满心欢喜和拥抱，希望通过我不成熟的文字描述，你也能感受到一点点，或者过去有很多瞬间，你已经感受过了，只不过当时的你把它归结为是自己的付出，带回来了好运。

　　好了，关于我辞职的故事就讲到这里。下个章节我想要分享一些实操的小方法，对于在职场过渡期，以及人生需要暂停和重启的朋友，或许会有一点参考价值。

Tips：变道前，你需要做的 7 条准备

（1）家人的支持固然重要，但你对自己未来生活的思考也会成为他们支持的依据。

（2）当你打算换一条路走时，或者换一辆车的时候，也请切记，你的路都不一样了，那你走路的方式和休息的方式可能也需要跟着不一样。

（3）做自己喜欢的事，总能看到反馈，只是它未必是你期待的金钱或者是名誉，可能是一种体验或者是人脉。

（4）让自己保持稳定，或许就是能招来好运的风帆。

（5）你可能会因为爱好而去拓展自己的能力圈，如果不用能不能做好的标准评估自己，只是以让自己更丰盛的角度去看，那也就没有什么高低和优劣了。

（6）接受波动带来的冲击，最好的方法就是让自己在一个安静的环境里保持独处和思索，以体会的方式觉察念头带来的身体感受，再以第三视角去看待此时此刻的自己，最后可以总结一下对自己的发现。

（7）不固执于自己原本的目标，体验比达成更重要。

之所以想把这些写出来，是因为我们不得不承认，生活里总会充满着意外。

如果说三年前你可能只是想着如何给自己规划一个间隔年，如何在跳槽的间隙给自己挤出一个休息的假期,那现在你很可能要面对的是,如果外界的环境一下子将你的规划全都打乱,突然出现一整段无序的阶段,你要如何面对,如何完成自我梳理和拯救。

以前我总认为,不同的生命会有不同的路,我们的路并不相同,可能不是所有人都需要停下来。但现在我发现,或许我们走的的确是不同的路,但我们可能会遇到一样的极端天气,会遭遇同样的道路冲毁。如果你知道曾有人是如何挨过风雨,等待天晴的,内心的恐惧会不会就能减少一些?

第 2 章 做好自己的人生教练

1　自己和自己待一会儿

我们终于进入第二章啦!

在这一整个章节里,我打算分享一些自己在居家工作这段时间里研究的一些小方法。

其实我是不乐意分享方法的人,不是觉得方法不好,而是分享方法很容易让我感觉自大,好像只有我懂,别人不懂,我相信每个人都肯定有自己的方法;再者,我始终认为,别人的方法都是别人的,还是需要通过自己的实践去完成体验,才能变成自己的方法。

每个人都会有各自擅长的部分,所以即便是方法学习,我也建议大家从自己最擅长的那个部分开始,就好像我写作的时候是不听音乐的,最好是没有任何声音,但有的人可能是不听音乐就完全写不出。所以学方法之前还是需要看个人特质,就好像减肥一样,最好的方案一定是适合你体质的,而不一定是最正确的那个。

辞职了差不多一年左右,我经过了前面特别爽特别放松的那段时间,也想好了之后自己就是要做很长一段时间的自由职业者,然后才开始真的体验居家工作这件事，不再从心态上把这段日子当作没有找到下一份工作之前的假期。

心态的不同自然就会带来体验的不同，我在第一章里说过，在家上班相比职场环境还是有很大区别的，需要梳理很多的激发点，以及让自己重新去体验。

只可惜我领悟到这点不同的时候，已经是辞职两年以后了。

可见我差不多有一年多的时间，都在一种苦恼当中度过。

苦恼什么呢？

比如，歇够了就开始觉得每天似乎都在无所事事，找不到意义感和价值。

比如，很容易一觉睡到10点，然后晚上又很精神得睡不着，自己也知道这种状况不好，但又改不了。

再比如，偶尔接到一些小活儿，自己看不上，可真的去做，又觉得没意思，还是老一套，想做点新的，可好像又迈不出第一步。

再比如，从爱好出发去做短视频，结果没几个人看，录了100期视频，粉丝才刚刚破千，有点灰心，觉得要不还是算了……

是的，以上这些都是我的真实体验，享受了辞职带来的兴奋和放松之后，痛苦就出现了，因为我并不知道所谓的自由职业到底应该是怎样的一种状态。

它的标准是怎样的？

我只知道我要寻求一种和上班不一样的生活。

居家工作，它没有一个说明书，所以你只能自己摸索着向前。

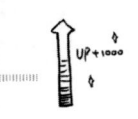

可是总找不到方向就很容易痛苦，人一遇到痛苦就想逃避，就想看剧，想睡觉，想停止思考……

这个章节，我起名为：做好自己的人生教练。

教练这个词固然和我学的方向有关，但我更想说的是，如果你选了一条少有人走的路，没什么东西可参考，那你只能把自己当作最好的资源，你需要在运动员和教练两个身份中来回切换。因为你所走的路太新了，可能别人走的路和你的都不一样，别人的路也未必是你想要的，那什么才是自己想要的，这只能在自己心里找答案。

因此，自我对话就非常重要。

每个人自我对话的方式肯定有不同，让你沉浸，但能保持思考和问答状态的，我觉得每个人可能都曾体会过。那种感受和打游戏的那种紧张投入不一样，和追剧放松吵闹也不同，就是你知道你在做一件事的某一个时刻很享受，很投入，你很喜欢那时候的自己，然后你也可以和那个时刻的你去对话。

我是一个很能在某件事里去专注的人。看电影的时候，做皮具手工的时候，做陶艺的时候，做版画雕刻的时候，我发现能让我投入的，往往都是需要在一个相对静止的状态。或者是画面或者是手工，能让我定期有一个成就感的收获。于是往往在这种时刻，我能完成一个自我对话。

最后带我破除局面的方式是做手账。

我至今都不敢说自己是一个手账"大牛"，之所以坚持到现在，是因为手账它符合自我对话的几个特性，有画面感，可以沉浸，有成果，可以通过书写完成自我对话，可以复盘回看。

最开始拿起手账，是因为待在家里，房门都不出，才出了《穷忙是你不懂梳理》这本书。我第一次在线上做直播，完全不懂直播的套路，也不知道怎么线上做互动，还用线下分享的方式进行，结果没什么人看。于是就拿起书架上的本子做复盘总结。

我家的书架上有好多本子，一方面是小时候养成的习惯，空白本子直接丢了是浪费。另一方面，是成为作者以后，各大出版社、杂志社年底送的礼品几乎都有本子……颜值都挺高，丢了可惜，可我平时也用不完，于是它们就在书架上成了一个小分队。

我一直都有写复盘笔记的习惯，但用理性的方式思考，就很容易变成只给自己挑毛病，所谓的反思也变成了自己对自己的指责，久而久之，复盘的本子都不想打开看了。

偶尔有一次在 B 站上浏览，意外发现了手账这个东西，涂涂画画，粘粘贴贴，太有意思了，哪怕自己不会画画，也有很多好看的贴纸来帮你解决。

我以前画过很长一段时间的漫画，所以对画面很敏感，也很喜欢一些可爱的图片，于是就试着拿了一个最破的本子，在上面涂涂写写，开始了自己的手账之旅。

一开始做手账容易找不到方向，也容易去模仿别人，会试着把手账变成什么拼贴式、效能式、打卡式、时间轴式等等。

有段时间我还迷失过，买了特别多的胶带和工具，甚至感觉

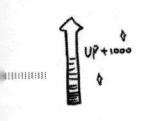

自己都要朝着专业的方向进军了。

后来才意识到,我并不是追求要做一个把手账做到颜值最高、使用率最高,甚至是花样最多的手账博主。我使用手账的快乐,是图画带来的感性思维,是制作过程里的成就感。最宝贵的部分,是那些记录和反思的部分,还有自己研发的小工具,这些才是让我最兴奋的。

我使用手账的方式很简单,其实就是自我管理和自我记录,不论换什么版式,一定会留出一段空白写每日复盘。

因为要记录,空白总是很难看,所以就需要回忆或者创造一些每日的经典时刻,哪怕只是今天做了一个新菜,去了一个没去过的菜市场,这种看起来不起眼的小事,积累多了,都会变成生活的滋养。

我也能在记录里看到自己对自己的评价,比如:"我今天怎么午觉又睡到下午三点啊!"

又比如:"最近太懒了,感觉啥也不想干。"

当我发现自己在每天的复盘里写下这种文字的时候,就会找一个动漫小人贴纸,贴在旁边,然后画个对话框,写一句对自己的提问。比如:"睡到下午三点不爽吗?怎么感觉你还挺担心的?"又比如:"那你前段时间忙个半死,最近这个懒惰,是不是也算是休息啊?"

每次换一个视角自问自答,就好像换了一个角度去看自己一样。

记录做多了,慢慢就可以提前做一些计划了,我从小学生的课程表里找到灵感,为自己列了一个课程表,一句话总结叫作:学体读乐新成友。

展开说就是学习、体育(运动)、读书、娱乐、创新、成果、朋友。

假装这是七门课,给自己提前安排到一周的计划表里,一周结束后再看看哪些可以增加,哪些需要规避。比如我如果把运动安排在上午,那下午基本上无法写作,第二天可能会有运动酸胀的情况,外出见朋友之类的活动可能也会受影响,学习也不能专注,只能做一些简单的家务。

当我开始以周为单位地去看待生活的时候,似乎紧绷感就开始下降了。直到某次复盘我写到,我觉得这一周过得很舒服,有工作但压力不大,有成果,很有收获,每个方面都兼顾到了,很开心。

写下这句的时候,忽然内心里有了一句对话:"如果你可以自己来制定,你最理想的一周你想怎么度过呢?"

想了半分钟后,我写下了答案:我希望一周总的工作时间只有三天,其他的四天用来学着如何生活。

我是一个很信奉原则的人,表面上我们做事看起来形态各异,但背后一定有特别简单的几条原则在支撑着你,所以当这段对话完成之后,我似乎找到了自己想要的那种自由的生活。

我不知道未来我的这条准则会不会发生变化。比如,是否期待一周三天工作可以赚到一个月的钱?或者是如果一下子来了一

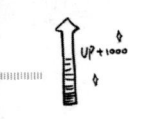

个需要全勤付出一个月的工作机会,我会怎么操作。但至少此刻我觉得,这个答案是我的最佳答案。

　　现在,我的手账还在继续用,字依旧很丑,也不好意思在网上多晒,但它是我打开那段无序日子的钥匙。我不知道你会用什么样的方式和自己的钥匙邂逅,或者说在忙忙碌碌的职场生活里,你可能已经无暇顾及。但我始终都觉得,找到一个属于自己的方式,最好是可以每天有一次和"自己"接触的机会,自己和自己待一会儿,也许那个属于你的原则,就会慢慢浮出水面……

2　记录+尝试

说完了破局，还需要聊聊加速，毕竟一周哪怕只有三天在工作，也要认真去对待。有时候任务不是我们能提前规定好的，而是突然接到的，那如何从一个优哉游哉的状态，迅速地进入到高效状态里呢？

第一步就是要了解自己的高效能时间，我称之为黄金时间。

以前在公司的时候，我列过一个时间轴专门分析过：找一张横线纸，每一行写上一个时间点，我是以一小时为一个分段的。扣除午休时间，每个小时只记录工作效率，以自己的主观感受为主，按照满分五分的情况给自己打分。

我按照自己的一般状态记录了一周。从一周的总结里，尝试调整了工作内容，再记录一周。然后把一些内容放在我觉得高效的时间段，去测试了一下，又记录了一周。

所以前后差不多一个月的时间，我找到了自己的高效能时间。

我每天的高效时间指的是我效率最高、创意最多的时候，一般是上午的 9 点到 11 点，下午的 3 点到 5 点。我会把这段时间用来写和创意有关的东西，或者是完成重要任务。

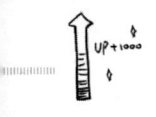

其他时间，我会安排常规事务，比如开会、回邮件等。

在公司的时候我能这么做，是因为有公司的系统作为后盾。还有就是我作为团队领导者，我有这样的权限，比如我可以决定部门例会什么时候开最合适。

但当我在家工作的时候，这些东西就有点不适配了。于是我又开始拿起小本本，又开始了新一轮的记录和测试。

记录什么？记录我打算工作之前都做了什么？

做什么可以触发我的工作状态？做什么其实是在消解我的工作状态？

记录和复盘是我最喜欢的。

所以通过这些小记录和发现，我总结了以下的几条，你也可以试试看：

（1）定好闹钟，起床之后立刻叠好被子，防止睡回笼觉。如果状态不好，暗示自己可以睡个午觉。

（2）预备开工之前，要像上班一样，完成洗漱，最好穿上外出服和外出鞋。这个身体的暗示很有效，我发现当我穿着居家服和拖鞋的时候，很难集中精神。

（3）如果可以，最好先下楼一趟，完成身体的唤醒。如果不能，可以尝试把窗子打开，通风换气。

（4）开工之前先找一张纸梳理一下今天的事项，以及自己要做这件事之前大概的想法和步骤。

（5）换一个地方，尽量找离床远的桌子，我是换到客厅再开始工作。

（6）清空桌面，目光所及之处尽量没有杂物和零食。

（7）按照写下的任务和启动步骤开始工作，设定好沙漏或者是倒计时闹钟。我自己一般是 30 分钟，然后休息 15 分钟。

以上的这些方法，简单概括就是：暗示自己、改变环境、明确任务、规定时间、停止休息，之后再循环继续。

每个人的状态和暗示的效果不同，你可以多试试，看看是不是还有更有趣的方式。

如果在家实在写不下去，没有想法，我就出门去个咖啡厅，带着笔记本电脑，但不带充电线。

我的笔记本只能使用 4 小时，我对自己暗示：4 小时之内必须完成这个稿子。

然后很容易就写完了。

最近读了《大脑健身房》这本书才发现，可能不一定是因为我暗示自己，而是因为人在散步的时候，大脑的创意最容易被激发，所以你也不妨试试看，没想法的时候，走两步，也许就有了新点子。

除了以上的小方法之外，我还会有一些二合一或者三合一的"急救包"，来应对自己不稳定的状态。

我自己是一个很不稳定的选手，我的创意状态会受是否失眠、天气、心情等很多因素影响，但工作是有节点的，它并不会等你，也不会体恤你。

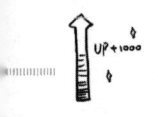

比如，我本来是要今天交稿，但今天就是一个大阴天，我完全没精神，这怎么办？

解决办法还是：记录 + 尝试。

以下的方法也都是我在手账里记录的，我会有专门的一页来记录如何让我可以心情快速好起来的方法，包括听什么歌，吃什么东西，甚至是看一个什么电影，等等。

我们 20 岁失恋的时候，可能大哭一场就解决了。

30 岁失败的时候，也许喝一顿酒就好了。

40 岁失业的时候，突然发现不知道用什么方法安慰自己了。

我们对自己了解得太少了，每十年，我们的身体和心智都在变化，我们爱自己的方式，也需要不断发现和升级。

我们不可能再用 20 岁的方式安慰 40 岁的自己。

而 40 岁的自己喜欢什么，这就需要你一点一滴去发现和记录。

不要再粗暴地对自己说，不是给你买了好衣服，给你换了车，带你出去旅游了吗？干吗还哭丧着脸？我对你还不够好吗？

这样对自己说的人，往往对身边的人也容易这样说，或者是这样想的。

当你有不开心的情绪，一定是某一个需求没有得到满足。

如果过去，我们的高效，是被老板用鞭子抽着，拼了命地跑，才得来的，那现在，你做自己的老板，就不要用鞭子抽自己啦！

你跑得很快，是因为你相信自己一定可以。

你已经做得足够好了，所以没有跑第一名也没关系。

可能有人比我们更快，做得比我们更好，但那些别人对我们而言，什么都不是。

因为我们活着，不是为了活成别人或者是战胜别人。

我们只是为了成为自己。

3 一张纸，治好了我的直播购物上瘾症

聊完了如何快速进入工作状态，那我们来聊聊钱吧！

辞职之前我其实是有其他收入来源的，估计有的朋友打算辞职的时候，也会考虑自己是不是有第二职业的问题。

如果想要做自由职业者，你要有一部分资金的储备，用来给自己启动营收做准备，那么建立一个良好的消费习惯，也许更重要。毕竟开源有时候需要看运气，而节流则是一个习惯的养成。

人一闲就想花钱，哈哈。

可能上班的时候太忙没空花，也没那么多需求，上班时候的支出很多时候不是补偿性的支出，就是报复性消费。

有段时间我加班到很晚，下了班大半夜去吃烤串，觉得生活太不容易了，再不吃点好的，真的是对不起自己呀！

到最后不仅撑得慌，又花钱还不健康，真是没落下什么好处，如果非要说有好处的话，可能就是在吃到第一口的那一瞬间吧！

觉得没白活，对得起自己了。

还有一次是公司资金周转得以好转的时候，一下子补发了很多个月的工资，我就去了一家买手店，一下子买了差不多五万多

块钱的衣服。

刷卡的那一刻有一种扬眉吐气的感觉,但其实这本来就是自己的辛苦钱啊!

总之呢,上班的时候,我的大部分的情绪支出都是花在吃和穿上。

不上班以后,反而是大宗消费减少的时候。一来是没有那么多压抑和委屈的时刻,所以也就不用报复性或者补偿性地消费。二来是我的社交场景变得简单了,以前总觉得要买好的西服,衬衫要订做,定期换新的。因为自己的形象不仅仅是自己的,也是公司的,形象投资也是投资。

现在反而以舒适为主,放弃了衬衫、领带、皮鞋,穿个卫衣、休闲裤就能出门,做兼职靠的是技术和交付能力,不拼造型和牌子。

但是呢……我忽略了一件事,那就是视频的魔力太大了,开始先是短视频,喜欢的博主各种推荐,就免不了地跟着买买买。后来进入了直播的时代,哇!专业级别的主播太有套路了,产品展示喜不喜欢?今天的特价心不心动?数量有限赶紧抢啊!最奇葩的是看那种拍卖型主播,不好好回答问题,东西的号也不全,好像是你求着他去买东西一样。能不能买到你的尺码全靠下单的手速,饥饿营销做得真是一绝!

有段时间我几乎陷入上瘾的状态了,经常是晚上 8 点开始刷直播,刷到 10 点甚至深夜 12 点,因为午夜场有特价,比看电视

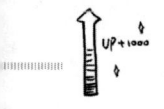

还兴奋。哈哈，现在想来着实有点好笑。

最多的时候一个月收了40多件快递，快递堆到差点连门都推不开。那年的冬天我前后买了4件大衣，6件羽绒服，10多件厚薄不等的毛衣和卫衣，好像还有8件西装和6双鞋，以及一堆裤子。

全部到货的时候，在客厅堆出了一座小山。最可怕的是，明明知道已经足够了，肯定穿不完，可去直播间看见新品，还是要忍不住下手。

这时候我开始想办法自救，比如只允许自己看一小会儿直播，或者是给自己规定一个购买上限。但效果不佳，可能是直播太有魔力了，一不留神就下单了，等回过味儿来的时候，已经买了好几单了。

可能有的朋友会说，那你可以收到之后退货呀！

其实很多东西买到之后，真的挺喜欢，上身一试，就觉得，哇！太适合我了！

这种情况下怎么可能退货呢？

渐渐地我发现自己可能有了直播购物上瘾的症状了，于是我决定管理一下。

很多成瘾归结起来就是内在需求的外显，同时结合固定的行为，逐渐变成了某种习惯。当你养成习惯之后，很可能到了固定的时间，或者完成了某种行为，就会自动触发接下来要做的事。

如果是身体和记忆都已经有了这种自动化趋势，那么单纯遏制，可能就像节食减肥一样，事后反弹得更快。

我分析的方式就是，先觉察自己内在是什么需求没有被满足，再尝试用一个新的方式去替代旧的，把那个触发时间或者触发动作替换成别的，最后就是对自己原本的欲望做阶段性的递减管理。

于是我找了张白纸，统计了自己在这个阶段买的衣服。全部写出来的那一刻，十分震惊，数量远超过了我的预估。

按照喜欢程度分别给它们打了一个分，然后再对比当时在直播间里看到的那一刻的感受，我发现，我在对大部分商品的兴奋度上都有递减，那我为什么还留着它们呢？

我发现原来自己喜欢的不是某一件商品，而是一种拥有感。这种拥有感或许是和小时候物资匮乏有关，我到小学五年级的时候还在穿打补丁的裤子。那时候家里不富裕，父母也本着能穿就行的原则，我很多的衣服都是大人的衣服改的。当时班级的同学都是农村孩子，所以也不觉得有什么。六年级转学后，一下子对比就出来了，全班可能就我穿得最破。那时候小孩子已经有了虚荣心。对物质的拥有感那个时候就埋下了。

贫穷似乎一直伴随着我的成长路径。高中学了美术，会比别人多了一笔开销，大学家里遭遇变故，大二面临交不起学费的状况，差点退学。毕业后更是一门心思想着如何还家里的欠债，不敢花也没资格花，再后来一切都有起色之后，花钱则更偏重于实用主义。除了在吃上会放纵自己之外，穿衣服几乎所有的选择都是以工作场合为主的，一些休闲的衣服因为穿的场景太少，所以

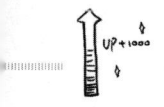

几乎也不怎么买。

打开衣柜可能有四分之三都是工作场合里的衣服，所以希望自己在生活里也可以拥有很多衣服的想法，或许就是借着直播这条引线被释放了出来。

完成对自己内在需求的观察之后，我忽然原谅了自己，就好像是一个孩子在童年时期挨过饿，成人之后便无法接受聚餐的时候有人不把东西吃光一样。

觉察，往往就是改变的开始，能发现自己的需求，是很难得的。

如果能带着同理心去看自己，不是评价不是控制，那自己带着自己走出来也很容易。

我找了一个本子做记账本，在上面写上周一到周日，我把五、六、日3天当作消费日，把非消费日用彩色笔涂上颜色。我还预备了小贴纸当做自己的奖牌，如果我在上周的消费日里没有看直播买东西的话，那我就在那天贴上一个小贴纸，证明自己有了一枚奖牌。一枚奖牌可以消除一次你在本周或者是下一周在非消费日买东西的行为。

我还把快被塞爆的衣柜拍成照片，做成手机桌面。当我看到的时候就会对自己说，哇！我已经拥有了好多好多衣服了！不需要再买了。

然后我把每天晚上8点原本因为无事可做才去刷直播的时间，替换成了8点到9点追剧，9点到9点半练字，9点半到10点遛狗，然后10点以后就躺在床上预备睡觉，把手机留在客厅去充电。

如果在原本习惯看直播的时间里,不论我因为看到了什么而被刺激,忽然很想要买一件东西的时候,我就会用便笺纸把它记录下来。

如果白天我一不留神打开了手机搜索了这个东西,我会提醒自己先把它加入购物车,但不要先付款,等到周五消费日的时候一起付款。

就这样,我自己拉着自己,从消费的陷阱里慢慢走了出来。不知道在以上的故事里,你是否对自己有了新的发现?

4　我是怎么找到第二职业的

我以前在《能成事儿的人都能扛事儿》这本书里写过,当年来北京四个月左右的时候,搬出了公司宿舍,到北五环租房子,因为交不起房租,所以拼命地找了很多和文字有关的兼职。

迷茫过、被骗过,后来好不容易找到了一点门路,最多的时候一个礼拜接过12个稿子。那时候还没有副业赚钱的概念,何况对我来说也不是什么副业,就是为了求生存而已。

我写过星座故事,写过两性专栏,写过民国女子,还写过鬼故事,以及动漫小说,也在《电脑报》上写过很长时间的网友故事。编辑说不能总刊登一个作者的稿子,所以我前后换了20多个笔名。

曾经有一个网友对我很好奇,便约我见面,他以为我是那种活得充实又富有活力的人,可见到我之后发现,我带着黑眼圈,一头乱发,在吉野家吃一份拌饭,每个月拼了命地存钱。

原本对方在网上还说:"我好想跟着你去体验一下撰稿人的生活,哪怕给你改改错别字都行。"见了面估计对我十分失望,于是问出了那句:"你这么辛苦,一个月能赚多少钱啊?"我扒了一口饭说:"满打满算三千块。"

杂志周期很长，提前三个月组稿，写一篇未必能过，过了之后要等三个月才能发表，发表之后还要等一个月才能接到稿费。

杂志的稿子未必要求太多的文采，但要合乎要求和规则，所以就得花心思去研究每个杂志的刊登要求，才能保证过稿。

即便是这样，也要等四个月才能拿到钱。

稿费是每篇稿子100—150块钱。

是的，就是这么低。

对方终于不想掩饰满脸的失望："我现在的工资是你的两倍还多。"

我苦笑一下，没说什么，起身结账，回去继续写稿去了。

不知道有多少人想成为所谓的撰稿人？

如果你遇到了当年的我，会不会一样看不起他，觉得他哪是在写稿子，不过是在讨生活罢了。

后来，我换了工作，月薪多了，住的也贵了，离公司更近了，但我依旧还在写着一百块的稿子，美其名曰赚零花钱。

有时候写一篇稿子我需要熬一个夜，或者琢磨三天。直到有一天室友问我："你以前缺钱写稿子，现在你明明不缺钱了还在写稿子，是为了什么啊？"

我第一次意识到自己从没想过这个问题，好像陷入了过去的惯性里，并没想过自己为什么要这么做。但我也第一次感觉到，我开始讨厌写字，写那些合乎要求但自己不喜欢的东西：那些将将及格的文字，那些已刊登发表却令我羞愧的所谓的作品。

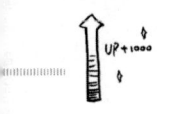

每次我都会把刊登了我的豆腐块文字的杂志买下来,后来积累得多了,就把它们裁下来做成了简报,放在一个文件夹里。但每次翻看,我都觉得很羞愧,仿佛在里面看到了一行大字:你压根没有写作才华,你只是一个60分的文字混子!

如果你也曾经爱上过写作,当你写完一篇作品的时候,你跟自己说过这话吗?

如果你持续写这种自我评价的文字,写50篇之后,依旧不见水花,你是否会怀疑你的才华?

后来的故事听起来很励志,但我想提醒你,它可能只是运气。

看到了这些之后,我决定停掉所有的低价稿子,之后整整六个月,我没有任何其他的兼职收入。

这期间其实我也没有变得更好,甚至也没有利用所谓的业余时间去多体验生活,因为离开了文字之后,仿佛生活更无趣了。

再之后,我被一位朋友推荐,给一本才创刊的法国男刊写封面的采访,那是我第一次采访大明星,摇滚教父崔健。

如果按照常规的叙述套路,可能你会觉得,是不是我接到了这个采访就准备改写人生了?

其实并没有,采访的过程我紧张得要死,那篇稿子我写得还行,但结算稿费的时候并不愉快。编辑说我写的稿子缺乏一定高度,所以他找了另一个作者帮我加工,稿费要分对方一半。结果我拿到刊登的稿子,只是在每个章节前面加入了三行类似题记的东西。我甚至小肚鸡肠地觉得,那是编辑自己加上的吧?只是为了分一半的稿费？

最后我们两个吵得不欢而散，在MSN上彼此拉黑。

所以，我认为自己的时尚采访之路就此终结了。

又过了四个月，一位朋友推荐我去了《时尚芭莎》的男士版，而我没有见编辑之前，能拿出手的唯一的人物采访作品，就是崔健的那篇采访。

至此，开启了我和"芭莎男士"十一年的合作。

后来我问朋友，为什么推荐我？

他说："我的印象里，你不是一直在写吗？对方本来是找我写，但我实在没空，我觉得你应该能写，就推荐你去试试，我其实也不知道你能不能过。"

所以，普通生活里哪有那么多的励志事件？

如果我没接到崔健的采访，我可能都没什么代表作品；我如果不是因为认识这两个朋友，我可能也压根没有机会。所以，你说，是什么成就了我的第二职业呢？

如果说这之前的经历有很多的偶然性，那后来的事情可能就会有一些必然。

读过《穷忙是你不懂梳理人生》的朋友可能了解过，因为我单独用了一个章节讲过自己是如何把写作这件事当成正职去规划的。

因为在网上写了一篇和过去不一样的职场内容被关注，收到了出版社的邀约，我重新审视了自己的定位，是要成为一个一本

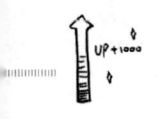

书的作者，还是要成为一个长期作者？

在我签订第一份合同的时候，我给自己定下了写10本书的愿望。

我没想过会成功，但当命运之神把机会送到我面前，我知道，仅仅靠努力并不够，我是把这个机会当作一次对自己的测试。所以我不拒绝改变，也欢迎所有看似是挑战，实则是机会的任务。

比如，我决定要去线下做演讲，一方面可以宣传图书，一方面能接触到读者，知道他们在关心什么。

说完这个决定之后才发现，自己不会演讲，就跑去报一个培训班，磕磕绊绊地开始了之后的两百场分享之旅。

出版前两本书的时候，我没什么名气，也没人邀请。我自己去对接学校社团，自己想分享题目，自己去想有没有什么更好的形式可以帮助到同学的。

后来我找到了三家公司的HR，拿到了30个实习岗位，去了天津几所高校，边做演讲边做现场面试。也在这个的过程里，完成了第一次在企业的分享。

所有这些都没人教我，我也没规划过，只是头脑中有一个念头，就是一直在思考：我还能做些什么，我还能怎么做？

居家的那段时间，我第一次用手机做直播。做了两场没啥效果，也不太会，我就每天泡在知名大主播的直播间去学。买了八千多的护肤品，用了将近60个小时才明白话术和流程，自己去分析一个图书类的分享要如何控制节奏。然后我申请做了10

场直播，并且尝试了秒杀、礼品装、抽奖等直播互动和带货方式，最后真的带货成功了！我把做直播的心得配上图文总结出了第一套直播教学文件，分发给了社群的小伙伴们！

如果你问我是怎么做到的，我也不知道。我只是看到自己需要先有一个目标，所以每次做事，我都会利用这点去管理自我。

我发现当我用更广阔的视角审视意义的时候，我更有干劲儿，更容易做眼下的自我超越，所以我就把一次邀约变成了十次邀约，最后变成了一个工作机会。

如果跟人合作，你能清楚对方的标准，并且做交付的时候高于对方的预期，你就可以获得更多的机会，或者变成更长远的合作。

我很喜欢做事后的总结和复盘。我也相信，只要把知道的分享出去，那送出去的善意，终究会回到自己的身上，所以我很乐于去分享我自己的收获、方法，于是就有了个人客户、企业客户。

所以如果让我用一句话总结的话，我觉得支持我找到第二职业的核心是：

把自己当作一个品牌，不断去确认自己的核心价值，不断挖掘和发现自己的可能性，明白所有的冲击都是成就自己的机会，永远在思考自己这个品牌是如何区别于他人并且保持特色的。那么你就会成为独一无二的自己，你就会相信并且确认自己的价值，而不只是对方在众多选项里的一个。

你对自己越珍视，认知越清晰，你就会越有光彩，越容易被人看到，机会也就会自动来到你的身边。

5　一个转念，治好了我的失眠

事情的起因是我去学了一门和卡牌有关的认证课程，因为很喜欢讲课的那位老师，所以就顺道参加了她分享的《早起魔法》这本书的分享会。

万万没想到，结束之后我就被拉进了一个21天早起打卡群！忽然有了一种上了"贼船"的感觉。

不过既然是和坚持有关的，那我这个一直自称是三分钟热度的人，也的确坚持过90天画画，坚持过365天不买衣服，经验可是非常之丰富的。

首先当你想改变或者打算去坚持做某事的时候，你可能要先自我诊断一下，你的偏好是什么？你是对数字更敏感还是对图像更敏感？还是两者叠加你才能启动？

我更偏好用图像来发掘和记录自己，所以对我来说，打算改变，就需要视觉化地去记录成果。但我并不是一个数据派的人，记录数字什么的，我不那么敏感。以前坚持90天画画，我是用作品来做展示，坚持365天不买衣服，我是用穿搭来展示。所以当我打算做某件事，尤其是类似打卡这种事，视觉记录的刺激远

第2章 做好自己的人生教练

大于数字记录的冲击,搞清楚自己是什么人,或者通过做某事去了解自己是什么类型,这是让你成功的前提。

了解了自己是什么类型的人之后,还有一点要明确:自己为什么要做这件事?

其实当时听完老师的经历,我太好奇了,原来早起有这么多好处。那既然别人能做到,不知道如果以自己的方法,我能做到什么程度呢?

那时候并没有想过,因为这次的21天社群打卡之旅,治好了困扰我许久的失眠症。

首先我画了一张21天的打卡表,之后开始琢磨:做这个改变最容易遇到的卡点是什么?

思来想去最大的卡点可能就是:早起之后不知道自己要干什么。

如果早起只是为了玩手机,那真不如睡个懒觉,所以早起后必须得有一些任务。

于是我就尝试列出了一些一直想做,但又一直说自己没时间、没心情、没机会去做的事情,而且这些事情还都可以放在早晨来做。

我一共写了10项:练字、跑步、背诗、写手账、做瑜伽、听外语课、八段锦、其他的微课、读书半小时、写作。

人和人的体质不同,有的作家说自己清晨四点起来写作,换成你,可能只想睡回笼觉,这时候别说去写作,就是看书都费劲。

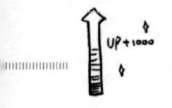

那就不如变换一个思路，比如做做呼吸练习，试试八段锦，练练毛笔字，也许是更容易让自己心神安定下来的方法。

没有什么方法是绝对正确的，只要适合自己，都是好方法。

没想到执行到第四天，意外就发生了。

我一直都有半夜容易醒的毛病，那天睁眼发现3点多，内心便有个声音告诉我，你睡不着了。

起床之后我有点蒙，现在去跑步，有点太早了，现在去遛狗，估计狗子会恨我，那这么早起来我要干吗啊？

那一刻我发现内心有很多很复杂的情绪涌出来，先是自我评价，然后还有嫌弃，仿佛还有另外一个自我在幸灾乐祸地等着看笑话，等着看我翻车的样子。

我发现这些情绪似乎都是负面的。

于是我做了一件以前早起不会做的事，尝试坐在椅子上，用观呼吸的方式做了十分钟的正念。

对我来说，它最大的好处就是，能让我回到当下，从那些负面的声音里出来。

当我试着把意识都放在自己的呼吸上的时候，当我通过一呼一吸感受自己的存在，当脑中的那些自我评价的声音逐渐变小甚至消失的时候，我忽然有了一个新的发问：

如果这突如其来的早起，比原本多了两个多小时的早晨，是老天送给我的一份礼物，那它希望我用它来做什么呢？

于是我找了一张白纸放在自己面前，边问自己，边尝试写下一两个代表答案的关键词。突然，我找到了自己最想做，却一直回避的事情。

那是一份资料整理工作。因为要参加考试评估，我需要把自己两年里做过的近200小时的客户对话资料整理出来。本来我是做好了单次记录的，但这次发了新版的表格，所以我需要按照新的格式，把原本将近200个数据重新合并整理到新的表格上。

这是我应该要去做，却一直嫌麻烦迟迟没有开始的事情。

如果老天送了我这样的额外两小时，我把这个完成，或许就是我最好的回应方式。

于是想到这儿，我就毫不犹豫地打开了电脑，调出文件，开始了工作。果然，足足两个小时多一点儿的时间，整理完毕，并且发送了邮件。

从这件事里我有了一个很深的体验，就是以后只要自己睁开眼睛，就立刻起床，不给自己自我评价的机会。原来让自己没办法持续的，不是你缺少方法，不是你真的没有动力，而是每一次起床之后，我对自己的那一声叹气和自我评价。

你看，完了吧！

我就知道你坚持不住的，没用！

又想放弃了吧？

唉，我怎么这么没用啊！

这些话，似乎在做很多事情的时候，我在内心对自己说过。

我没有肯定过我自己，却还希望内心里那个努力的自己足够

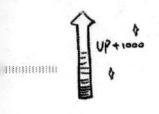

拼命，凭什么呢？

后来我在一次催眠引导体验里还发现，那些负向的评价最早是出现在父母的嘴里，后来它们出现在我的心底，原来那些负向的评价背后，其实是深深的担忧。

于是在 21 天结束后，我为自己写下了这样的一个小结：

起床之后不要迟疑，不要自我攻击和叹气，把特早的醒当作一个礼物，去处理拖延的事。

就这样，我用一个转念意外地治好了自己的失眠症。现在偶尔也会有半夜醒来的时刻，我也会闭上眼做一个正念看看，是不是我内在有什么焦虑和担忧又跑出来了。如果真的有，我会对自己内心的担忧说一句，我知道了，谢谢你。

之后仿佛也会听到内在的担忧回了我一句：好。

于是便能安心地再次睡去。

6 用游戏的思路开始每一天

我在第一章里分享过用记账软件去给自己想做的小任务或者是小冒险标注价格,最后完成了可以换算成今天赚取了多少成就值的经验。

其实这件事背后的思路,就是把日常的生活游戏化,用一些简单的小道具,设置一些好玩的规则,然后通过一些固定的仪式感,从而让平凡的一天变得有趣起来。

我们都能体会在职场里日复一日的工作,大家会觉得无聊,但如果居家工作,你的主场就是在家里。如果你在家里也觉得无聊,那生活就会变得苍白,幸福感也就会下降。

所以我分享几个自己常用的小方法,主要是想让你打开思路,不一定需要去购买道具,用家里现有的代替也不错。

我在前面的文章里提过,我家是用沙漏计时的,为什么不直接看表呢?因为我觉得让时间可视化,这点更有趣。

可能关注我豆瓣帐号的朋友会知道,我会定期送出我不再穿的衣服,把它做成一个福袋,送给那些不介意穿二手衣服的人,我自己这几年也都在买二手衣物和二手的包,我也很倡导让物品

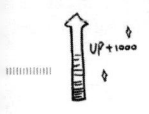

循环再利用起来。后来有小伙伴提出，可不可以送书？

我觉得这个提议很有趣，于是就做了一个图书盲盒的报名，收集了一些报名者的地址，然后在书架对面的鞋柜上用便笺纸标明这里是图书盲盒区，把自己读过的，以及不想保留的书，分类放在这里，然后再用随机抓取的方式凑成4—5本为一个盲盒，有时候还会在盲盒的首页放上自己画的手绘卡片。这种小分享网友的反馈很好，我自己也感受到了不一样的链接感。

有一次去参加一个妈妈演讲的活动，演讲者给大家发了几个刮刮卡，真的刮开看，发现下面居然还有手写的字。我觉得很有趣，一问才知道，这是这位妈妈和儿子昨天的亲子作业。自制刮刮卡的原料网上就有卖，很便宜。我沿用了这个思路，把每天早晨起床后的一些任务做成礼品刮刮卡的样子，每天起床后先抽一张卡，刮出什么任务就去完成它。

后来还设置了挑战卡、福利卡、各种主题。还利用德州扑克的筹码当作积分，给不同的挑战设置不同的难度积分，用盲抽的形式去挑战，挑战成功后就可以在盒子里存入等额的筹码。家里人一起参与还可以进行个人PK赛，挑战几轮后积攒到一定分值，可以去兑换福利卡，也是盲抽拼手气。一张小小的卡片能玩出很多花样。

有段时间家庭聚餐，好像每个人都放不下手机，于是我就提议以后吃饭看手机需要交纳10元存款。我从网上买了一个儿童版的ATM机，造型特别可爱，还带人脸识别系统。但我后来追问了客服，客服承认说那个是触碰感应的，不能真的识别人脸。

就是这么一个小机器却带来了很多欢笑。电子支付开始好多年了，很多人其实都不怎么用纸币了，第一次从好久不用的皮夹里找出一张 10 元的钞票，然后像真的去银行存款一样，存进去，有语音播报，需要输入密码，哈哈！一下子就觉得童心泛滥了。

后来这个手机存钱规则还发展到了不能带手机进卧室，不能带手机进卫生间等等。

挑选一个周末，打开 ATM 机，数一数里面的纸币，拿出一部分去吃一顿烤鱼，全家都很开心。

我一直觉得游戏设计不难，市面上类似的书在推出的时候总会把设计思维和创新结合在一起，但我觉得其实设计需要关注的本身还是人。用游戏化的方式去开启自我改变，会远比命令式的、禁止式的，要来得更温柔和更有趣。

我们每个人也许都有感受过自己的渺小，但也请相信，再渺小的你也可以成为你自己的、你所在家庭的小小设计师。

以前说关系是经营出来的，现在我觉得不论是关系，还是好的人生，也许都是可以设计出来的，用设计游戏的方式去玩，这样的人生开心又充满惊喜，多棒呀！

7 你还在用错的方法读书吗

如果你在家久了,想给自己找点事儿做,估计至少有一半的人会选择读书。

市面上有很多与此相关的行业,比如精讲多少本书,教你怎么读书,或者是告诉你拆书、讲书、读书带货,成了一条产业链。

我其实不反感读书成为产业,毕竟也会带动大家读书的热情,但很多人目前还是保留着在学校的那一套读书方式。

我试着梳理了一下很多人在读书方面最容易犯的三个错误:

第一错:不经过提问就读书。

读书之前不思考,不带上问题去读,就是白白浪费了一本书。

这里说的读书不包括文艺和小说一类的书,是指为了提升自己的认知,或者是学习技术的书。

川叔之前做过一个读书三问:

为什么你想读这本书?

读完之后你印象最深的是什么?

读完后你是否想好你还要了解什么方面的知识?

1. 为什么你想读这本书?

这个问题是确认你读这本书的目的是否明确，比如你希望解决沟通的问题，然后你搜索"沟通"两个字，就看到了排名第一的书，买回来读了，发现是一本烂书，那么是排名有水分？还是你买之前没有好好看评论？

为了下次不上当，你还可以怎么做？看一下豆瓣评分？还是问一下自己认识的大咖？

带有目的性，知道自己要解决什么问题，这个目的越明确，你越容易定位关键词，也越容易去直接对标书里的内容。

还拿沟通举例子，沟通包括了很多种，向上、向下、一对一、一对多，你觉得你到底是在什么领域的沟通出了问题？

如果是对领导的，那是不是汇报工作、向上管理，这些搜索的关键词更靠谱？

如果是一对多，那是不是和演讲技巧，或者公众表达相关的关键词更贴切？

把自己的问题细化，这样你买书之前先看看目录里到底有没有你想要找的内容，不就能减少自己买错书的概率了吗？

同样地，目标越明确，你读的速度也就越快，与你疑问相关的部分速读，无关的略读，完全相关的详读，甚至是重读。

很多人读书很习惯拿起来，从头到尾一字不差地读完。

我表弟就是这样，你问他为啥，他会说，我要慢慢读，好全都记住啊！

可读书是为了解决问题，多好用的脑袋读完书一个礼拜之后

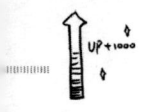

也会忘记,所以读书最重要的是先过一遍,发现自己想要找的内容。

慢慢悠悠读的人,可能一开始就不知道自己到底要在书里找什么,所以才生怕错过一个字。其实错过一行或者一段也不会影响你最后的收获,关键是你要快速确定阅读的重点。

2. 读完后对你印象最深的是什么?

这个提问就是问自己,这本书有没有帮你解决问题,除了问题的答案之外,你还发现了什么?这个是锻炼自己的概括能力,以及标签化的能力。

小川叔曾经做过这样一个自我训练:

拿10本书,每本书读5分钟,读完用便笺纸写一个关键词贴在封面上,然后把这10本书按照标签分成三类,分别是:最近要读、以后再读、暂时不想读。

之后利用三天的时间,分别从三类里各抽出一本书,来验证自己当时的分类和关键词是否正确。

读书,是需要投入时间的。

如果这本书不对,你就是在错误的地方浪费时间。

很多人会觉得,花时间读书总是没错的,万一有用呢?

我用个人经验告诉你,如果这本书里的内容不是你当下用得着,或者一个礼拜之内会实操的东西。不用一个月,两周左右,你就会忘光光。

所以最后我们对一本书剩下的只有一个模糊的记忆,就是这本书大概是讲什么的。

也就是这本书的标签。

读书本身就是一个筛选的过程。

3.读完后你是否想好你还要了解哪方面的知识？

读书，要产生行动或者转化，这本书才会被记住，才值得被留下。

仅仅一本书其实很难让你产生持续的行动力，那你在读这本书的时候，它给你带来了什么延展性的关键词？

把这个记录下来，然后去搜索，这样你的知识地图就扩大了。

这本书的作者在书里提到了谁？提到了什么书？

读书的时候预备一张便笺纸，看到这样的书名就记录下来，这样你就有了一个小的书单。再使用我们刚刚第一条里提到的方法，去验证一下，它是不是你想要找的书，这样你对这个领域的认知，就又扩大了一点。

很多人读书很碎片化，抓起一本就读，读完就用，用完就丢。下次遇到问题，会重复去做。只是抱着解决单一问题的想法去读书。久而久之，会变得没有系统化思维，感觉好像自己学了很多方法，但又总觉得好像哪里不太对，其实就是因为你没有把这些知识点去深究和串联起来的缘故。

第二错，别单一地去读书。

这个方法是从上面分类的那个方法延展得来的，我把10本书分成最近要读、以后再读和暂时不想读这三类。

分类，就很容易让我看清楚自己。

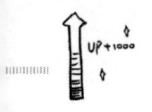

最近做了一个试验，我把自己买的书也分成了三个类别：

体验类的书：包括了鸡汤书、个人总结或故事，以及人物传记。

这类书比较好读，因为内容比较接地气，读起来门槛不高，阅读体验比较好，我自己写的书也属于个人总结和故事类型。

缺点就是很容易泛滥，因为题材很容易上手，每个人都能写，所以找到好的书或者作者，还挺不容易的。

方法类的书：这部分书也包括了个人经验书。一般这种书都是成名的企业家或者创业者写的，它和名人传记的区别是，很多名人传记都是别人写名人，这种是自己写自己。

这里面的人大部分有身份地位，所以见识也会不一样，会比普通人写的总结和故事更需要思考。当然缺点也很明显：每个人成功的契机不一样，也有一些是性格使然，甚至是时代催生的，所以不具有复制性。但成功者在取得成绩之后，会把这些合理化，甚至容易有夸大和演绎的成分。

方法书里还包括了一类书，就是很多朋友推崇的"干货书"。

这类书的典型特征就是很爱引用。早年我也很喜欢这类书，觉得作者好有才啊，旁征博引，懂的特别多。后来读得多了，这类题材也泛滥了，才发现他们其实就是利用信息不对称，提前给你普及了一些原理，或者介绍了一些模型而已。

这类书与其说是"干货"，不如说是"搬运干货"。它有一个好处就是，为大家提供了一些理论模型，只要你去找出处，或者去研究，就可以找到源头。

此外还有，它为你提供了一些场景化应用的实操案例，让你懂得如何去应用原理。

最后一类书是经典书，包括了教材，以及一些流传10年左右的经典作品。

教材真的很难读，它完全不考虑你的阅读体验，以至于每次我拿起来就困，硬着头皮去啃。所以教材读不下去是应该的，也因此让"干货搬运"的作者们有了很多空间，从这点来说还要谢谢他们。

此外，时间是检验的标准，一些书经过了很多年的研发和实操，在推行之后经过出版市场的洗礼，依旧岿然不倒的就有留存的意义。当然，书再好，也要针对你目前的状况，没有应用，留一大堆经典你也不会有动力去读的。

现在你把你自己的书用这个方法归类一下，你看看自己的书是不是看着挺多，但好像分类挺单一的，可能重点都集中在某一类当中。如果是，那么赶紧琢磨一下如何丰富。

第三错：别把读书笔记当作摘抄本。

大家读书的时候可能都有记笔记的习惯，这些年随着网络写作的兴起，很多人读完之后，还能洋洋洒洒写出一篇读书笔记来。

记笔记，其实是一个遗忘的开始。

我们的大脑很奇怪，如果你不把这件事讲出来、用出来，它就会自动忘记。尤其是你以为边看边写是记录重点，岂不知往往是写完就忘，合上书大脑一片空白。

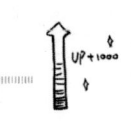

前面第一条我们说，读书要有针对性，带着问题读书。那记笔记也一样，不要从头到尾记个没完，你不是四平八稳地给这本书画思维导图，如果是这样，那最后做出来的笔记和目录没什么两样。

那怎么记笔记呢？

小川叔的方法是这样，我会先写下我预设的关键词，记录这本书里和这个关键词有关的内容。

如果遇到无关的，但我觉得不错的内容，会记下来之后，连忙在旁边备注，这个东西，对我在想或者在做的事情的哪些方面有帮助，如果想好了怎么去实践它，也一并写下来。

关于读书的时间，我一般是读书半小时，休息5分钟，但我会在最后的5分钟选择暂停阅读，停下来看一下笔记，把记录的点再梳理和贯穿一遍。

我之所以总结出这个方法，也是因为当年读了某本书的两个章节，记录了8页笔记，可合上书发现自己啥也没记住，被这个挫败感深深震撼之后，才想着做一个重点的自我训练！于是才产出了这么一个笔记的方法，希望对你有帮助。

此外，很多人把思维导图的笔记内容整理了一下，就发到网上当作自己的书评，或者当作自己的输出，我认为这是挺偷懒的做法。

抄写目录和金句的方法，并不是一篇书评。与其这样做，还不如从图书宣传、原理理解、自我应用等几个方面去试试看，让自己的书评更像样、更有趣，或者更容易和读者同频，而不是自说自话。

反正都写一回,为什么不好好利用一下这个机会!

输出这件事,不是给自己看的,是给别人看的。

写点故事、加点感想、放点吐槽,再植入你看到的原理以及理解,还有它们如何应用,这没那么难。一方面让读者有很好的阅读体验,一方面还能分享自己,锻炼文笔,多好的事儿啊!

8 三个提问，养成独立思考的习惯

上面我们提过读书之前我会问自己三个问题，这是我的一个自省的习惯，我会尝试总结一些原则，而这些原则的总结大部分来自自我提问。

可能了解教练对话的伙伴也会知道，教练对话的四个工具就是倾听、提问、反馈、沉默。

当你要打算选择属于自己的自由之路的时候，独立思考是必不可少的，因为独立才是自由的基础。

一个人想要保持独立思考能力其实挺难的，因为我们在信息的洪流当中，无时无刻不被他人影响，无时无刻不被自己的情绪所牵引。

简单粗暴的方法就是隔断，减少摄入，内省自己，但这并不太现实，因为我们离不开手机和人群，所以只能在过程里不断去复盘和区分。

如果你希望自我训练，可以尝试养成向内提问的能力，以下三个提问，是我经常用来反省自己的，希望对你有帮助。你也可以先从这三个问题入手，试验一段时间之后再改写成符合自己的提问。

提问1：我现在的这个想法，是情绪、事实，还是我的演绎？

遇到一些话题牵动自己，直接就转了、评论了，或者给出更灾难化、夸张化的评论，其实很可能只是我们在释放情绪。

我们的情绪组合模式，往往会得出一个更可怕的结果，比如，再怎么努力，我也不如别人有个好爹。最后这个伪结论对别人不会有什么影响，而只会影响我们自己的行动意愿。

这其实就是我们的演绎夸大了结果，在一个事实下，代入了自己的情绪，得出一个和负面相关的毁灭性的念头，从而伤害行动。

是不是听起来很可怕，但其实我们很多时候都在重复这个模式。

看见，就是改变的开始。

如果你不想重复这个模式，可以用上面的提问方式，再结合下面的这个提问试试看。

提问2：这个行为或者感受，和我的相关性是什么？如果我能在里面获得一个提醒，或者一个正面的意义，那会是什么？若我想修正自己的模式，下次发生哪些类似的事，我还可以选择如何做？

这个提问其实是提醒自己，外界发生的很多事其实和我们无关，是我们自己邀请它们进来的。

比如你看到一个热搜，有的你当作好奇看了就放下，有的你则牵动情绪，跟着去查阅，甚至是刨根问底为什么会这样。

因为你很可能是在那里面看到了自己，也许是自己的过去，

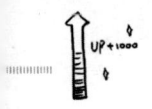

也许是自己的将来。

把这个相关性拿出来反省一下,也许就可以看看自己是不是对过去的某些东西,你以为放下了,却还在循环;对未来的某些东西,你以为满怀希望,却可能是充满无望和恐惧。

如果你有勇气内观自己,并且发现的话,那这个时候你是有选择权的。

你可以选择沉浸在事情里,让你看到自己最惨的那一面,和过去的经历,或者是未来的担忧同流合污下去。去发泄自己的情绪,让它得到暂时的释放。

你也可以选择在这里面看到它利好的部分,成就你的那一部分。

我从30岁开始去参加一些心理学工作坊。在一次练习中,老师让我们每个人把自己的缺点写在小纸条上,贴在身上,再把你看到的别人的优点也写在纸条上,贴在对方身上,然后我们就能发现,有时候他人看到的我们,和我们自己看到的自己似乎并不一样。

老师还让我们试着在自己写的缺点背后,写上你觉得它帮助过你的那一面。我在"自卑"这件事上一直写不出来,我觉得自卑没什么优点,它让我恐惧,让我小心翼翼,让我不敢在人前表现自己,我一直都把它当作肿瘤一样,恨不得一刀切掉,它怎么可能帮助过我呢?

然后老师回忆起我们第一次见面的时候,看到我身上隐约的光,她告诉我说,我在你身上看到的是谦卑。

转换视角这件事很难,虽然难,但不代表我们没有选择。

所有的事情都有两面性,当我们固执地认为,一件事只有一面性的时候,或许就走入了思维的死胡同。

在这个点上,如果你觉得你无法发现,我也不会强势地推动你。包括此刻在看这篇文章,觉得有用的伙伴,我提醒你们可以先用在自己身上,不要因为自己觉得好,也强烈推给别人,因为很多人习惯性地外归因,也许是那个理由对现阶段有好处,所以他才会抓住这种习惯不放。

他没有意愿建立新的模式,你帮他打破旧的,他可能会更难过。

我的老师当年帮我看到了自卑的背后是谦卑,那时候我也有两个选择,其中一个就是仍然相信自己认为的、继续活在原来的自我埋怨里,把人生所有的不如意归咎于原生家庭,归咎于我的二本院校,归咎于走入社会的时候我没有遇到一个好的领导。

总之就是,我过得不好,都怪那些别人。

另一个选择就是如现在你看到的,换了一条视角,换了一条路。

别人有时只是帮你看到了一种新的可能性,能不能走下去,取决于你自己是不是真的相信。

有的人之所以愿意把问题归给别人,也许是因为,这样他自己就可以逃避责任,自己会好受很多。如果你完成了这两步,可

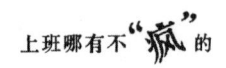

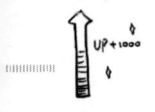

以试试最后一步提问。

提问3：我的人生准则或者是信条是什么？我在阅读别人的书里，我看到了他有什么准则？这些准则他是如何建立的？我又会如何去践行我的准则？

准则和信条这个东西，平时看着没什么用，但很容易成为我们选择的依据，而你的人生其实就是很多次选择的综合结果。所以准则也是结果的原因。

别人的准则，你看了很感动，只能说明你认同，并不代表你能做到，所以当你想改变，想要有独立意识的时候，他人都只是你的参考。

准则没有对错，只有不同。

看到了人和人的不同背后，也就能看到价值观和准则的不同，也许就能更大地接纳自己，也接纳别人。接纳多了，或许情绪就少了。

当你在考虑准则这件事之后，再考虑这件事和我的关联性，你就可以有能力为自己做点什么，而不再是被情绪和模式牵着走。

准则是慢慢修正、细化，并且逐渐贴合自己的，所以它也是实践的产物。

不实践，它就只是标语而已。

有了觉察，有了改变的意愿，加入提问的反思，再去建立新的行动，就会一点点蜕变，从原来的路上，一小步、一小步地走出来，最后成为和原来不一样的人。

觉察创造认知，认知带来反思，反思催生行为，行为总结模式，看见模式，带来新的觉察。

我们看清楚自己，了解自己，才是独立和自由的开始。

9 不妨抬头看

电影《不要抬头》讲述了一颗小行星会在几个月后撞击地球，一位教授和他的学生通过监测发现了，并且测算出了地球毁灭的时间。两个人被这个惊天的秘密吓呆了，连忙联系相关部门去公布，但没人相信他们，甚至新闻节目还把这件事用娱乐化方式处理。即便这颗小行星拖着尾巴出现在人们的视野里，大家仍然一时无法接受。于是有的人开始放任自己，肆意破坏；有的人开始回避现实，不闻不问；有的开始催生焦虑，借机赚钱；甚至还有的人开始召集大家，不要抬头看，假装没有事情发生就好了。

如果你此刻遇到的就是无法跨越的人生至暗时刻，无法改写开头，只能身处其中，那要怎么办？

如果你现在就处于一个人生的低潮期，觉得压抑苦闷，做什么都只能看到失败，那要如何走出来？

情绪，或许是我们一生里最大的效率杀手，它千变万化，所以我打算在第四章讲一讲我自己是如何认识情绪，最后转化情绪的。在这里我想讲的是，如果你是突然遭遇意外，因于其中无法解脱，每天被各种消极情绪所折磨，要如何走出来。

川叔只能提供一个路径和参考方法，但最终走出来还是需要靠你自己。

从我自身的经历来看，我会把从经历情绪到走出情绪分成三个阶段。如果你是遭遇失去亲人或者重大意外，被悲伤所笼罩，你也可以参考经典的悲伤五阶段的模型。

我自己认定的情绪的第一个阶段就是迎面撞击。你知道事情来了，你可能毫无准备，你一下子被撞飞或是被吞没，困于其中不能自拔。这个时候我自己会选择暂时逃避以及放纵一下自己，前提是不伤害他人。

居家办公的那段日子，我发现自己情绪很崩溃，完全看不进去书。每天都在刷各种消息，越刷越焦虑，关注各种群，真真假假不能辨别。当我发现我并不能因此获得稳定，反而这些是让我丧失稳定的元凶时，我选择先退出小区的业主群，关闭所有的信息来源，放任自己去刷刷剧，吃吃东西，什么都不做地待一会儿。不给自己那么多的自我评价，也不要求自己多么的正向，一天要创造什么价值。

如果你能觉察到自己已经陷入这种情绪，也许最先要做的就是，不要怕，也不要立刻就想着逃。

你可以想象，情绪就是一个喜欢恶作剧的小孩子，你越有反应，他越闹得欢。

那些外在的表现就像是他丢给你的纸团、毛毛虫一样，你越被吓得惊声尖叫，他越开心越变本加厉。

可当你真的不顾这些东西，一把抓住他的手，先把愤怒放在一旁，直视他的演讲的时候，也许你就能看到他内心的语言，他可能只是希望你记住他，和他待一会儿。

所以尝试切断信息来源，就像是不管那些纸团和毛毛虫一样。和自己待一会，听听自己内在提出的任性的需求，想睡觉、想吃糖、想看剧，这些在我们内心那个努力的自己看起来是不自律的、放纵的，甚至是坚决不允许的行为，也许就是那个无理取闹的孩子此刻最需要的。

那就试着满足一下看看，正视自己内心里那些被你压抑了很久的欲望，这些并不是没有价值的事。正视自己，满足自己，这也是自己爱自己、喂养自己内心的一种方式。

你只有吃饱了才有力气减肥，不是吗？

第二个阶段，找一个属于你的方式，把它表达出来。但要注意，不要伤到自己。

你可以唱出来，写出来，画出来，运动出汗蒸出来，或者是拳击打出来，游戏练出来。

也许是过去你熟悉的方式，但只有你自己知道和过去不同的是，这一次你在尝试表达你自己的内在。

不用在乎内心的评价，没有什么好与不好，没有什么好看不好看！

当满足了内心那个叫情绪的小孩的需求，允许他说话时候，你觉得他会说什么？

是委屈？压抑？不满？如果你发现自己陷入了这种越说越愤怒的情况，那就找到你最能用肢体语言表现的方式试试看。

与其尖叫说，讨厌讨厌讨厌，不如试试找一个抱枕或者一本书，拼命地摔摔摔，也许会更过瘾。

试着不要用脑子和嘴巴去表达，用你的身体代替你的内心去说话，用动作去说，但要记得在表达的同时保护好自己哦。

我就是摔抱枕太投入，一不小心手指撞到了床头，疼了半天。

第三阶段，听听你的内在真正最想要的是什么。

吃饱了，发泄够了，你会觉得全身的力气被抽走了，你会觉得瘫软、无力，甚至大脑缺氧，你可能还会哭，泪流不止的那种。

然后用你的心问问自己，现在你最想说的是什么？

不论嘴巴说什么，内心里都只回一句话：嗯，我听到了。

每种情绪都需要被倾听，释放不是重点，被听见才是崛起的驿站。

等到自己说得差不多了，你就会听到自己情绪背后真正的需求，不论那个需求多离谱，你都要保持内心的倾听，它或许可能是：

我好希望一切都没有发生过就好了。

我早知道会发生这一切，那天我就不出门了。

我真希望她可以活过来。

……

不论这个要求在你看来是如何地无法达成，都不要去阻止，

就把它当作一个许愿的时刻，那是你内心那一刻最想得到的，就像一个调皮捣蛋的孩子，也许当你不带情绪地看向他的演讲，也许当他逐渐安静下来，最后慢慢哭出来之后，你试着问问他，你想要什么？

他可能才会真的告诉你，我希望你能一直这么看着我！我不想去幼儿园，我希望你每一天都这么看着我……

愿望许完后，可以试着在内心里对自己说一句，那此刻你最希望我能为你做的是什么？

是的，我们都是成年人，长大或许就意味着我们知道一切不能重来，有些人离开了就再也回不来，也许世界上没有圣诞老人也没有奥特曼，但这都不能阻挡我们可以相信许愿，相信光。

如果自己没有神力，没有魔法，这样的自己可以为自己做点什么呢？

这时候，你会听到一个你能做到的需求，它可能是：

我想抱抱我自己。

我想化个好看的妆。

我想晚上吃顿好的。

我想说声，谢谢你……

我其实不喜欢用"重生"这个词，因为我觉得好像人重生之后就以为自己再也回不去了一样。

情绪，其实就是反反复复的。

遇到巨大的变故，第一时间被情绪笼罩，我们其实无法分辨那其中是恐惧，是愧疚，是自责，是悲伤，是害怕分离，是焦虑迷茫，抑或是觉得人间不值得。

复杂的情绪交织在一起，让外界的吵闹不要再发酵，满足那一刻自己的小任性，和内在的小孩待一会，玩一会，跟着他闹，让他把自己表达出来，再拥抱一会，体验一会，你就能发现你能做的，也能看见他在长大。

电影《不要抬头》的结尾，人类因为自己的自大，明明可以改变结局，却因为渴望小行星上的稀有资源，想把它变成宇宙的能源站，于是出击变成了收编，贪婪战胜对生命的敬畏，最后导致错过了时机，地球毁灭。

唯一欣慰的是那个最早发现这个结局的科学家，在经历了恐惧、迷失、膨胀、贪婪、色欲、欺骗等一系列的心路历程之后，最后坦白了自己，回到了家庭，和朋友和家人在一起，手拉手，平静地迎接了结局。

我想那一刻，他不再有恐惧，只有爱。

每个变化，都是让自己重新认识自己的时刻。

它们就像镜子，如果我们只是在身体上长大或者衰老，那么我们在心灵上的成熟，只能透过一次一次对变化的反应里，自我照见。

我们总听别人说，你变了，变得和过去不一样了。

哪里变了？一定不只是样子变了，经历变了，而是我们看待事情和世界的角度不一样了。

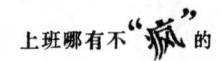

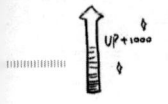

而这些不一样是怎么得来的？或许都是从这些变化里，自己看见自己，然后自己再做出新的选择得来的。

我们总在说改变，什么是改变？

就是当你遇到类似的问题，能觉察出你上一次也是这么选、这么做的，这就是改变的开始。

当你有了勇气，下了决定说，这次我不要这么做了，或许这就是改变了。

10　聊聊心流状态

想和大家聊聊心流状态。

这也是我写这本书的这一刻,最惊奇的发现。

心流这个概念可能很多人都听说过,也会有一些人把这个当作是"专注"的代名词。

我以前也是这样认为的。

而有了这个认知之后,往往还会在后面加上一个等式:

心流 = 高效。

对呀,心流了嘛!那还不写得更快吗?

我出第一本书是35岁那年自我的职场总结,后来第二本书做了回信集精选,第三本书是我走了很多高校之后,想给才毕业的大学生写点什么。于是就回顾了自己毕业的时候怎么找工作,怎么不如意,怎么换了行业,如何如何迷茫。

可能现在的一些年纪大点的朋友会觉得,太矫情了,鸡汤文学吧!

坦白说,第一本书和第三本书,尤其是第三本,很多时候我是边写边哭。

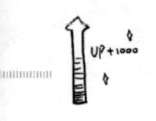

后来我在秋叶大叔的写作训练营里,和大家分享如何把文章写得动人的时候,我总结了一个词叫作"画面感"。

就好像时光穿梭一样,我看见 25 岁的自己站在北京的十字路口拿着一卷褥子。

看见自己在最迷茫的那一刻在北京的冬天,站在六楼的阳台上穿着单薄的衣服,对着漫天大雪发愣。

看着像电影回放一般的过去,那一刻的自己和如今的自己相遇。

所以当我身处其中感同身受的时候,我就只是用文字把它描述出来。

就像你看完了一场电影被深深地感动,你在用文字去描述刚刚感动过你的画面一样。

我以为这个能力人人都有,后来我发现可能不一定,有些人就是很容易被卡住,看不见画面。

那时候我以为,那就是我的心流状态,现在再看,我觉得还不是。

在教练领域有一个经典的公式叫作 P=P－I(Performance= Potential － Interference),翻译过来就是表现 = 潜能－干扰。

所以,干扰越少,表现就越好。

那什么是你的干扰呢?可能会有你的自我怀疑,你的情绪,也可能还会有你的自我设限。就比如写书这件事,我在《穷忙是你不懂梳理人生》那本书里分享过我的表格写作法。

把一本12万字的书拆成5个章节，以关键词的方式做成一个横版表格，然后每个章节列出7—8篇文章的位置，试着用一句话去总结和概括一篇文章，也可以将每个章节里你感兴趣的先写成文章，在网络平台看看观众的反馈，一般最多发表2万字。

确定文字风格和表述内容匹配，读者反馈不错，整体框架搭建差不多一半左右就可以开始写了。

开始之前为每篇文章提前设定2000字的标准，然后利用表格公式加总，做到日更新可视化，完成一篇就更新确定的数字。利用14天年假做任务执行期，反推自己一天要写6500字的工作任务。列出奖惩计划，完成了会如何奖励自己，完不成如何惩罚。

怎么样？看完之后是不是觉得这从目标分解到具体执行，再到奖惩策略一气呵成？

写作用14天，但不包括构思和搭框架。因为我觉得写作只是一个体力活儿，坐在椅子前就知道自己要写啥了，只是用打字的方式把它打出来而已。

我一直以为自己一天能打6500字，没想到这次写书的时候，我体验到了不一样的心流状态。

教练对话还有一个原则，就是在人的层面工作，不在事儿上工作，在未知领域去探索，不要在已知领域去摸索。

过去的经验是，要先有框架，先写样稿，所以我一天最多就写6500字，而且第二天可能还会体力不支。

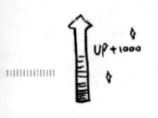

在写这本书的时候，我不是这样做的。

就像前言里说的，我花了更多的时间只在问自己一个问题，写这本书的意义是什么？

这个意义不是对我个人，因为对我而言，它就在心里，我拿不拿出来，都没变化。

和过去写作不同的是，以前我把自己的想法拿出来可能需要修饰一下，我会怀疑，这么说好吗？要不要那么写？

这篇文章和这篇搭吗？我要不要调整顺序……

所以一般写完书稿我还会花很久的时间去改，去调整，甚至会模拟读者的视角，还会有很多规条，我遵守着这些，自己会觉得很安全。

打算写这本书之前，我完成了很多内在情绪的疗愈，我可以感受到自己的完整。当内在的我不怕的时候，没有那么多恐惧的时候，我发现我已经不需要那些条条框框了。

所以第一天，我找到一个自习室开始写。面对一个空白文档，我其实没有思路，我发现自己好像又陷入以前的模式里，自我评价，想着给自己画格子。

一天下来 6800 字，算是和过去差不多。

第二天我做了一个调整，既然要用新学到的东西去写，为什么还遵从原来的套路？既然我内心里很笃定这本书的意义，可以帮助更多的人，那为什么还用原来刻板的那一套？

我试着让自己安静下来，闭上眼做了一个冥想。想象如果给我一天的时间对着台下的人去做分享,这个分享如果可以一小时讲一个主题,我要讲10个小时,我要说什么?

然后我就突然又看到了,和过去不同是,过去我只是看到一个类似GIF似的一两帧的画面。我在写作的时候,是为了要引出这个画面。所以我在讲故事,做铺陈,那个画面成为那篇文章的高光时刻。而这次我看到的像一个连续剧,我很清晰地感知到我讲述那一刻我的发心,我的状态,我的坦诚、关注,甚至是目光所及之处听众的反应。

带着这种感受,我不假思索地开始写出标题,然后头脑里就开始有声音提示,这个话题你之前写过,把那时候你真挚的表述带上吧!这个问题太好了,是不是还有与它关联的?

有了关键词打底,我似乎就有了一点安全感,开始写的时候就无比顺畅。尤其是第二天的下午,我忽然体会到了一种手指翻飞,宛如语音识别翻译机的感觉,我几乎感受不到停顿,甚至也没有错别字,就是飞快地打字,然后一篇文章结束,写下一篇文章就仿佛自动织布机一样工作。我还担心自己体力不支,于是给自己休息10分钟,等10分钟之后,再坐到电脑前,下一篇文章已经织好了。我只是用打字的方式更像是转码一样,把它打出来而已。

真的是非常神奇,晚上5点我起身统计的时候,我自己都震惊了,这一天我写了一万字。然而这才仅仅是一个开始……

第三天,我决定开始写你现在看到的第三章节,于是神奇的

事情又发生了。除了你现在看到的这篇文章是我第四天上午写的之外,其他的9篇,包括小Tips在内,都是我第三天一天写下的。

两万四千多字!

如果说第二天一万字的时候,我还有震惊和欣喜的话,那第三天的时候,我已经只有平静和感恩了。

因为我知道变化已经发生了,我知道我在用新的方式去写作了。

最大的区别就是,以前我以完成任务的方式用表格做自我管理,每天6500字写完之后,我整个人都很累,会有一种全部思维被抽走的感觉,几乎是殚精竭虑,而且还有一些对明天的担忧和焦虑。

我在第二天写完一万字的时候,除了字数让我震惊之外,更多的体会是轻盈和喜悦。

没有任何疲倦,甚至当天还回去主持了一场读书分享会。换作以前,我一定会累得都说不出话,并且把它取消。

后来我还在读书会里分享了这件事,于是当第三天出现了两万多字的时候,群里的伙伴和我一样惊呼起来。

我觉得我在这一刻,体验到了自己认为的真正的心流状态。

不是焦虑的,加速的,而是一种全然的喜悦,如果说得神奇一点,我觉得是链接到了"高我"。

就像当初我看到画面,我也以为别人会看到一样,当我写到上面那句链接"高我"的时候,我也一样确信,每个人内心里都存在着一个更高版本的自己。

过去我们以为是见过他的,我们会称他为"更好的自己",那个所谓的更好的自己,他们可能是永远拥有元气,做什么都快,说什么都好,情商在线,体型到位,他们自律轻盈,活泼开朗,似乎集合了所有人类的美好品质。

现在我觉得,那不是,那可能是我们的愿望,久了还会变成一个诅咒,因为我们会免不了地把这个更好的自己当作一个比较的样本,于是原本应该是自己赋能自己的行为,就变成了自我指责。

你怎么总是吃呢?

你怎么总胖呢?

你怎么就管不住你自己呢?

你怎么就不能再勇敢一点呢?

这些所有的"你怎么"背后,都是同一句指责,就是你做不到啊?

你以为你可以做到的,你逼着自己,让自己去做到了。

万一你做到了,你又逼着自己说,上一次你就做到了呀,怎么这一次戻了?

你觉得这口气像谁?是不是像你认识的某一个你觉得可能阴阳怪气的老师?甚至是某一时刻的爸爸妈妈?

成长,是自己托着自己,可如果你内心里的两个自己一直不合作,一直打架,甚至一个一直是高高在上的批评,那你走的每一步该有多难啊!你流血流泪又不能说,你该有多委屈啊!

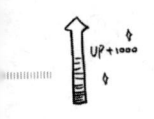

明明更好的自己应该是更美好的产物，怎么反而变成了血和泪的结晶呢？

我在内心里修复了这些情绪，倾听了这些需求，我内在的两个自己，只是完成了最基本的 1+1>2 的呈现而已。

也许我过去认为的一天的上限，写完一定会身心疲惫，都不是真实的表现，而是我平衡了一大堆干扰之后的表现。所以，也许现在的我还没有发挥到我百分之百的潜能，这并不是一个我的完整状态。

我回复群里的朋友说，如果过去我做到了这么多，可能第一个念头是，我真牛！现在我知道自己足够好之后，我反而会低下头说，谢谢你。

谢谢直到此刻我发现原来自己身处一个这么资源丰富的宇宙，谢谢有这样一个机会，我能看到，表达出来，有人刚好在听。

如今我把这件事分享出来，内心里也只是在传递喜悦，而不再是为了彰显自己。

包括我写完以上这些文字的时候，也只是希望和此刻读到这里的你分享一个神奇的体验而已。

我的心流时刻，温暖有爱，心有托付，我不觉得我在掏空自己，我仿佛就坐在一棵大树上，而写书这件事就像是我面前的一片树叶，我只是做了像摘树叶一样这么简单的动作而已。

我也笃信你的内在也一定会有这样一个高版本的自己，它在等着，等你认可自己的潜能，等着你平复自己的干扰，等内在的两个你,一起去创造出来。

写完这一章后,下一章依旧是一片空白,我没有恐惧和担心,反而是好奇,因为我也不知道这次会看到怎样的一幅连续的画面……

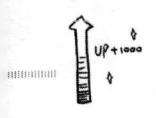

Tips：几个对抗干扰放松情绪的小工具

· 便笺纸

在工作和读书的时候，我手边会随时备着笔和便笺纸，一旦有其他无关的想法冒出来，不管多重要都不要立刻去做，把它记录下来，等倒计时的闹钟响了再去做。

· 闹钟

午睡的时候把闹钟放远一点，利用好眼罩和耳塞，把手机放在客厅，设置45分钟的倒计时，这样进入睡眠状态的时间会比之前更短，一旦闹钟响了，就不得不去客厅关闭，从而可以很快起来。

· 小本子

有时候晚上睡不着，有各种乱七八糟的想法就随时记录在小本子上，用来清空大脑。

· 十分钟

觉得没有思绪的时候，给自己设置一个十分钟的冥想时间，通过呼吸来调整状态。

· 热水澡和音乐

如果早上起来觉得身体紧绷，不舒服，可以把洗澡水调热一些，在淋浴头下多冲一会背,同时播放一些欢快的音乐来调动自己的情绪。

・关机

一周里,选择两个小时关闭手机,隔绝干扰,后期逐渐拉长到半天,然后你就发现,其实没那么多人找你,很多事情当下不做,也不会怎么样。

第 3 章

什么才是我想要的工作

1 选一份什么样的工作

如果你是按顺序一路看到这儿的,那我在第二章结尾分享的心流体验相信你已经读过了。

此刻我的右手边放着一沓便笺纸,其实它的本职是日历,只是因为每天撕下来丢掉有点可惜,所以我用了一个小夹子把它们收集起来,变成了一个小的便笺本。

这几天我都在上面记录:什么时候开始动笔,什么时候停止写作。每写完一篇文章,我都会做记录,一天结束后还会把这张纸拍照发到群里,和群里的小伙伴分享今天我感受到的神奇时刻。

上面说到,接下来我要面对的依旧是一张白纸,没有框架,没有关键字。

这是真的。

接着我去吃个午饭,在自习室旁边的商场转了一下,站着读了一会儿书,开始决定要写了,就写下一个时间点。

如果换作以前我会有些焦虑,甚至有点不耐烦,但此刻的我很平静。

就像等待花开一样，我知道它一定会开，那等等又怎么样呢？

从 12:58 到 13:06，我写完了 9 个想分享的题目，大概一共花了八分钟。

其实没办法用一个很逻辑的方式解释这是怎么来的。

就像文章写到上一段的时候，我忽然修改了标题，本来打算分享一下我做过的工作，但又忽然觉得，如果有以前看过我所有书的读者，那我做过什么，他其实已经很清楚了。

不如聊聊工作的本质吧！

如果写作就是一项工作的话，可能在过去的很多年里，我已经研究出了一点点我认为的写作技巧，我有了自己的写作流程、写作方法，可能还会有一套所谓的对话体系、评估策略，等等。

如果说得再夸张一点，我还可以把写作延展开，变成一个 IP 去孵化，如何运用它，变成一个系列产品什么的。

我知道，以上这些做法，你一定多多少少都在现在的教程、短视频，甚至名人嘴里听到过。

你也一定听到过非常多的前辈去现身说法，为你指明道路。

但从听到做的那段距离你要如何跨越？可能你和名人都一致认为，那就做嘛！去练习，去迭代就好了呀！

我觉得这不是我期待和理解当中的"工作"，它们反而像是任务，或者以上说的那些很像是某种我们以为要成为另外一个名人所必须走的基本流程。

但……如果没有什么第二个名人呢？因为条件、因素都不同

了,而且最根本的是,人也不同,你在按照别人的方法,去培养自己成为一个别人?

如果对方的成绩是偶然得来的,你单纯这么学习,可能不会成为对方的1.0版本,反而有可能成为他的0.5版,那过去的你,和0.5版的他,这两个你会怎么比较?又得出什么结论呢?

所以我觉得,工作的本质,其实是人。

我在第一章的时候聊过了,我这里定义的工作,不是公司里定义的那种活儿,而是你自己定义的活法。

当我们在一个组织体系当中,我们只能不断扭转自己去适应和适配组织的要求。

很多组织其实都有趋同性的人才要求,比如都需要良好的沟通能力,到位的执行力,积极正向的思维,最好性格都是开朗外向的,还需要你有良好的教育背景,过硬的基本功,以及一个自驱型、成长型人格。

听着是不是挺美好的?因为条件要求足够明确就会变成有的人适合,有的人不适合,有的人是80%适合,有的人30%适合。然后企业就会派一个人力资源的部门去给你做评估,做面试,做培训,最后让30%适合的人进不来,让50%适合的人淘汰,保留80%适合的人,希望把60%适合的人提升或者是改造成80%。

最后你会发现可能大家都很像,即便原来或许不那么像的人,时间久了,慢慢也很像了。然后个性在这里会被压抑,原本的目

第3章 什么才是我想要的工作

标也许也会被强大的场域所影响。这也就是为什么有的人明明跳槽是希望自己可以变得更好，工作是为了更好的生活，但进了一个高速发展的团队之后，渐渐的目标就只剩下升职加薪，只剩下"我还不能停""我还能行"的口号和鸡血了。

可能很多外企的小伙伴会知道一些组织里会倡导多元化，甚至会注重多元化。但这个多元化是因为企业的发展需要所以才让人多元化的，并不一定是因为人的多元才有此影响的组织。

如果我们看一些国外的电影或者电视剧，会发现一些老外很注意自己的家庭空间，每周会留出家庭聚会的时间，还会发现很多外国人会在工作之外有一些个人的爱好，比如做木工、钓鱼、露营等等。也许是阶段的不同，国情不同，至少我们现在还处在一个高速发展的时期，大家在争抢工作，需要用工作来证明自身价值，甚至如果没了工作可能就意味着我们的社会评价体系的坍塌，所以我们才会让工作占据自己那么长的时间。

可能我们的父母那一辈的人，他们一生都扑在一件工作上，那件工作是集体赋予他们的，他们以此为荣。而到了我们这一代，或者下面的几代，我们可能在试着和工作建立边界和切分。也许再过几个代际，新的小朋友一毕业就要面临的是，你到底要选一个什么样的工作？

你知道你要选一份什么样的工作吗？

是选你擅长的？还是选你喜欢的？

是遵从于现实？还是满足于精神？

至少在川叔毕业的那个时代，对那时候的我来说，我好像是没得选，也没选过。

好像一直都在被恐惧追着跑，父母的恐惧，时代的恐惧，我没有选的资格，谁能给我一口饭吃，我就给谁干活。哪个老板更欣赏我，我做得开心我就去。

谁给的钱更多，不那么开心的，我也可以去。

拼了命，赚着钱，证明着，扭转着，外人看起来好像是我成熟了懂事了长大了，可只有自己怀疑过，我是不是不知不觉已经变形了。

我还有重选一次的机会吗？

证明也证明过了，拼命也拼命过了，赚钱也赚了一点了，我还能再选自己吗？为了自己选一次……

当上天真的把这个机会交到我手上的时候，或者也可能交到过很多人的手上，我发现我还是怂了，我不知道别人，我是真的怂，真害怕啊！

可能这是仅有的一次机会了，万一选错了呢？

万一选还不如过去呢？

万一后悔了呢？

所以，一点不夸张地说，我辞职四年了，可能有三年半的时间我都在怂，在怕，在纠结。我也想不怕呀，所以花了很多钱，上了很多课，总想着会不会有那么一颗药，吃一口我就全好了。

的确有，但还是需要你去做，需要你自己做决定，学着相信自己。

如果把我们前半生的工作从职场剥离出来，变成我们一生都要面对的课题，那这一生的工作里最本质的，就是人。

是你对自己是不是有发现，有觉察，有尊重。

是你有没有深刻地，扎扎实实地爱过你自己。

一个吃不饱饭的孩子，是没办法开心跳舞的。

一个饿着肚子跳舞的孩子，是无法领略舞蹈的美好的。

只有内在丰满了，外在才优雅。

所以，如果你此刻已经在人生的分岔路口了，不要着急否定此前的辛苦和学习，那是让你吃饱的，让你学着相信自己和证明给自己看的，它们是基础。

如果你按照过去的判断，继续吃吃吃，你就有可能变成一个大胖子，而且还有可能像川叔一样，是一个有点悲伤的胖子。

他哭着在说，为什么我吃多了一倍，但幸福却没有增加一倍啊？

因为你要的，那里提供不了。

所以如果你要走到这边来，想要在人生的下半场体会愉悦和幸福，那需要做什么呢？不需要改变，只需要完整。

我所有的学习，疗愈，其实只解决了一个主题，就是看到自己的另一面。

用实打实的吃苦、付出，看到了自己成就的一面，善战的一面，自负的一面。

我还需要去转换和呼唤出我的敏感，让自己体会自己还有柔软、自卑、恐惧的一面。

没有谁可以拥有两个正面的硬币，过去我们在一面上已经努力太久了，另外一面我们害怕、回避、不接受、不认可、控制，甚至是无视。

你和它离得越远，你就离幸福越远，因为真正的幸福始于行动，但终于感受。

你把全部的力气都用在行动上，变着花样地行动，自我超越地行动，但感受被自己锁住了。做再多，感受不到，又有什么用呢？

所以我一直不认为提到一生的工作，就一定要逼人写出一个主题，你这辈子要成为什么样的人？要干一件什么样的事儿？或许问完这句之后还要加上一句，干一件什么样有意义的事儿？

就像刚刚说的那个孩子，她需要先吃饱了才能体会舞蹈的美，她体验到了美，才能创造美。

不要在没吃饱的阶段，就直接谈创造美，有点太早了，也会把自己逼太急。

写完了以上这段，我终于体会到老师说的那句话：我也不知道我要讲什么，但当自己坐在那开始讲的时候，讲完了，就知道了。

学教练的人有一个信条叫"客户自己有答案"。一开始学的时候我也不信，他有答案还来找我干吗？学了两年后，我开始有点信了，但还是很容易在客户思想卡住的时候着急，哎呀！你还可以这样啊！你再想想，你还能那样啊！

甚至有的客户会在教练对话结束之后，希望我给他一些建议，我真的给过，还为此沾沾自喜。

又过了一年，我终于学会闭嘴了，因为我见证到了，如果客户自身的阻碍在对话里被祛除，他会爆发出非常高的能量，他为自己制订计划是那么地充满智慧和坚定。

那一刻我才体会到自己的自大和渺小，我以为把自己的好东西给你是善待，但其实只是用我的树叶去装点你的枝丫，满足我的虚荣而已，而你从自身生长出来的茂密，会让我看见自己原本的那点东西，不值一提。

以前我特别惧怕未知，但自从体验过之后才发现，原来未知是这么好的东西。

下一篇我就来说说体验未知的故事吧！

2 在未知里完成一场演讲

从我出第一本书，从我决定要走近读者，了解他们关注什么，困难是什么，我就要打算做演讲了。

我不会做，就跑去自费学习。

可能是因为跟着培训师学的关系，所以我的很多分享都离不开PPT，仿佛演讲的不是我，而是PPT本身。

迄今为止，我做的演讲和分享超过200场，去过高校，去过书店，还去过图书展会。

在大礼堂讲过，在咖啡厅讲过，在人来人往的会展中心讲过。

我用过互动提问的技巧，分析过来的人是不是都知道我。

我用过幽默风趣的段子技巧，借机向不知道我的人推销我这本书的好。

我没学过一天正经的演讲课程，甚至都不知道一场合格的演讲到底是怎么样的。

我能确定的只有两点，一是每次演讲之前我会非常紧张，二是我离不开PPT。

以前只是知道我上台会紧张，当年为了克服主持年会的紧张感，我还去做过婚庆司仪。这些逼着自己的故事，在我过去的书里写过了，但没想到我讲完的时候，整个人看上去很兴奋，居然还是紧张的。

我第一次做线下活动，讲完之后给大家签名，有读者要求我画个画，我第一次感受到手抖失控，我居然无法画出想要的线条。这感觉像极了盘腿打坐，腿麻了，你能看到腿在那，但你似乎无法控制它，以及感受它的存在。

我还记得那次活动结束，签售了很长时间大家才散场。我一直都处于兴奋过度的状态，直到好朋友呆呆帮我打车，把我塞到出租车后座之后，我还是无法停止我的表达，在出租车上还说了整整15分钟，直到呆呆说，你要保护点嗓子，我才突然意识到，我的大脑在飞快地旋转，嘴巴在不受控地说话。

我没想到这种不受控的感觉，会持续到日后每一场。

几乎所有的演讲的结束，我都会留出时间去回答现场提问。回答提问其实特别难，你既要抓住重点，又要及时输出，最好还能临时调取资料做引用，如果能捎带着和自己的书联系到一起，结尾再输出一个金句就更好了。

一句话的提问，两分钟的回答，要做到以上所有的这些，如果大脑是一台电脑，不知道CPU会不会烧坏。

有段时间我会乐于接受自己的这种快速的反应，临场的即兴，甚至还会频频出现高光时刻。只是和过去不同的是，很多时候我在回去的路上，就会一句话不想说，非常非常地疲倦。

这么多年，所有活动的前一晚，我一定会失眠。所有活动结束后，我一定会全身酸疼，这几年甚至会痛到你需要一直哼出声，才会觉得后背正中心的位置，以及肩膀的沉重才能跟着减轻一点点……

我知道，我是太紧张了，我学了很多的皮毛技术，发明了很多野生方法，都只是伪装着让自己看起来不紧张而已，我怕出错，怕失落，怕冷场，更怕自己在退步。

所以每次分享会结束躺在床上的时候，我的大脑都会不由自主地回放所有场景，然后在心里默默复盘，下一次如果还讲这个要怎么讲。

事情的转机，出现在我上的那个成长课程结业时，我学了一些关注和疗愈自己情绪的方法，毕业的时候老师提醒我们，试试放下你的头脑思考和判断，用心去说，看看会发生什么。

没想到隔天我就收到了母校发来的分享会确定时间的通知。分享的内容其实很简单，就是聊聊我去学专业教练之后的一些心得体会，我起了一个名字叫：我踩过了哪三个大坑。

我想既然实践的机会这么巧地就来了，那就试试看。我真的什么都没做，打算到了现场再说。

分享的时间是晚上 7 点。我在下午 3 点的时候忽然想起来，很多来听分享的可能都是学校外有个人进修意愿的人，甚至是已经报名的学弟妹，他们可能习惯了听课做笔记的模式，如果不让他们记点什么，他们会不会觉得没拿回去什么东西呀？

第3章 什么才是我想要的工作

于是，我就找了一个模板，做了差不多是5页PPT，其实就是教练的定义，还有我前面分享过的P=P-I的公式，以及三个坑的名字，特别简单。

我真的不是为了缓解我的紧张才写的，这点我十分确定。

但上天似乎已经注定，要让我体会一下完全面对未知会得到一个什么全然的体验。

6点的时候我出发，学校的联系人才发一条消息，说有一个他们分享课的"黑粉"报名了。之所以被称为黑粉，是因为这个人不报名上课，但大部分的公开分享课她几乎都报了名。联系人说，这个人会一直出声提问，甚至会打断嘉宾的分享，让很多老师都很头疼，以前也发生过类似的情况，导致嘉宾发挥失常。

我看完这个描述多少心里一翻，这个在演讲当中叫作棘手观众，就是我们说的可能是在砸场子的，演讲书里给出的方式是，你的声音要高过对方，或者是记录对方的问题，告诉他会在演讲完毕后集中回复，或者是让工作人员协调，把他请出去。

我也遇到过类似的情况，但我觉得没有特别过分的那种，最多就是在分享结束的提问环节，问的问题并不那么友好而已。

我放下了自己过去的经验，带着对未知的好奇，来到现场。果不其然，开场不到五分钟，她就开始出声打断，提出了她好奇的东西。我说，这个我们后面会讲到，但我没讲两句，她又开始了第二句提问，然后一个神奇的感受出现了。

我没有生气也没有反感，因为我本来也没有准备啥，所以

我更不用担心你破坏了我的安排和节奏。我仿佛看到了一个好奇的孩子，她很希望被人看见，我当时就决定，按照她的提问走下去。

于是我的分享似乎变成了问答式，我说几句，她再问，我再说几句，她又问。

我真的不是刻意去给她赞美，但我觉得她的提问仿佛变成了一个线索，我能感受到自己的善意，像一双大手稳稳地托住了这个孩子。

我们这么进行了十分钟，我看到她身边有的人有点不耐烦，有的开始丢白眼，但她似乎并不在意这些。然后，随着她的提问变少，我也开始了我的故事分享，差不多整个分享到了一半的时候，我才想起来我的PPT似乎还没有翻过页，于是介绍了定义，介绍了公式，介绍了刚刚分享里已经说过的第一坑。这时候我忽然打算安排一个现场的体验活动，于是我就临时组织大家，简单公布了一下规则，让每个人体验一下倾听和提问带给对方的力量，最后针对刚刚的提问，给大家做出了反馈。

我看到谁在关心人，谁更关注事，而谁已经按捺不住要给解决方案了。

我也分享了，如果把提问从关注事，变成关注人要怎么转换，这需要什么。

当我说出，你要放下你的头脑，用全身心去感受他的感受的时候，忽然神奇的一幕发生了，我说了一大段非常精彩的话。

我之所以说神奇,是因为我只能感受到这段话精彩,但我却无法记住它,因为它就好像不是我说的,它不在我的大脑的信息库里,我没有在任何场合说过类似的话,它也没有技巧和线索可追溯,它就好像是一个突然临空而降的礼物一样。

我只记得在讲这番话的时候,我看到了所有观众,也看懂了他们的期待,我能清晰地感受到,我的每一句话与谁有关,而谁因为听到这句而被触动。我至今都无法解释,为什么我会在这里用与孩子沟通打比方去说,也无法解释,为什么我举职场的例子看向的是那个姑娘。

那一大段话,极其流畅,精彩绝伦,精彩到我最后说出一个金句的时候,自己都被震撼到了。真的不是自恋,是这感觉就好像有人借了你的嘴巴去说一样,而你的耳朵变成了听众,你的演讲在嘴巴讲完的那一刻之后,才露出了惊奇。

我分享完之后,那个被称为"黑粉"的姑娘站起来说:我觉得你说得太好了,是我听到的课里最精彩的,我好想邀请你去我们留学生社群去分享呀,付费的那种!

然后系主任就出来做总结性发言了,临走的时候对我还是一顿夸。之后联系人说,我太震惊了,我们系主任也觉得很震撼,我们打算和香港的总部给你申请一封感谢信啊!

那是我第一次体会到这种"工作",这种全然,你可以理解为那是一种心流状态。但我体会到的则是,那一刻我看见了一个更高版本的自己,那一刻我体会到了工作的波频和震颤,没有痛

苦，没有焦虑，没有紧张，没有害怕，一种近乎天人合一的感受，仿佛自己这个小我融汇到了当时的空间里一样，觉得自信、愉悦、好奇，满身轻松，一身欢喜。

事后和同学分享的时候我说，对比之前，最大的不同就是，之前的活动我能倒背如流，甚至能告诉你我在自我介绍里设置了几个笑话，我观察到谁笑了谁没笑。每一次结束活动后，我真的能完全记得我说了什么、我是怎么说的，甚至会记得我的走位、配合的手势，包括我的金句会在什么时刻，以一种什么样的语气说出来，有没有达到一种王炸的效果。

这些不是提前彩排好的，但我似乎又在头脑里演绎过了无数次，而且一直都在不停迭代，我还可以更好，我还可以更强……

可今天的这场分享结束，我死活想不起我在那段话到底说了啥！我好像反而是个观众，在看另外一个自己，发表了一个非常精彩的发言，精彩到我不记得用笔去记录，只能用身体感受……

所以，如果你问我，我最期待的工作是怎样的，我期待的是这样的"工作"，是用这种方式去工作。

那次分享结束，我睡了一个特别踏实的觉，没有疲惫，没有回放。

我第一次感受到自己在分享的时候没有那种燃烧感，仿佛我就一直在点燃着，或者是一直在发着光，并且那是我第一次知道。

或许有人会在此刻说，说得很炫但又没有方法，这不就很空吗？

我想说，我分享出来只是想告诉你，那是我体会过的最理想的状态，而且想要达到这种状态也许并不难，至少我的同学们，大家都能感受到自己的变化，只是这变化不是一致的。

我相信每个人不一样，就像是土壤不一样，蕴含的种子也会不同，那最后开出的花，也就各有不同了，真期待你也能体会到这种合一的工作状态。

3 做擅长的事还是做喜欢的事

聊了太多体验,想聊聊发现。

我知道不是所有人到了叔叔婶婶这个年纪还能从头来,我们会结婚生子,可能会有很多挣扎和屈服。

如果没有经过后天学习,那我们会怎么样呢?

也许会像川叔之前一样,在硬币的一面疯狂打磨自己,最后就差给自己镀金了。

但那时候我越忙碌似乎离幸福的感受越远。

可能也会有小伙伴会停下来,休整之后再出发。

每一次停下都意味着你需要做选择,如果你暂时还没有勇气去选择一条新的路,那我建议你试着先从自己擅长的部分去出发,如果你不知道自己擅长什么,那就带着好奇,试着发现自己喜欢什么。

在发现的过程里,自己最清楚你做什么会觉得内心有满满的喜悦,而不是一种我要学会的征服感。

我在演讲俱乐部里遇到过我的读者,是一个小姑娘,听她的演讲故事。我知道她以前是开叉车的,没想到吧?

小小的个子，或许里面有火爆的个性。

她来北京后去了儿童培训行业，本来一切都很顺利，我能在她的演讲里听到她收集到跟爱有关的故事，真好呀！

后来所有培训行业受到了影响，她要被迫变动岗位，她没同意，宁可辞职。

有一次我特别去看她，和她聊起为什么面对变化的时候不去试试，她说，因为我就是知道自己的感受。她指指心口说，这里骗不了人。

还有一个女徒弟，整天喜欢听我开小灶做分享，有一次我们俩一起吃米粉，就聊起喜欢和擅长这件事。她和家里赌气学了财务，但发现自己不喜欢，可经过了这么多的专业培训，她觉得自己也能胜任，至少可以带来收入。后来她来体验了演讲，觉得很喜欢，还去演讲学校做了辅导员。但她也不确定，这份喜欢最后能不能养活自己。她问我，如果让你选，你是做自己擅长的事，还是做自己喜欢的事呢？

我说：你擅长的你不一定喜欢，但你喜欢的你一定擅长。我觉得这不是一个选择题，可能只是一个时机的问题。我看到的是，一面是你学了四年的专业，可能经历了六年的实践和培训，你才掌握了这门技术，而另一面是你接触了一年的爱好，你感受非常好，然后就期待它像另外一个做了十年的技术那样赚钱养活自己，也许要再等等它。

我能感受到你内心的急切，觉得好不容易遇到了自己的所爱，

那就要全身心地投入呀！即便是爱，也需要成长的时间和空间。

所以等等看，也许你需要的是一个领路人，教你如何把热情变成产品；也许你需要的是一个可以合作的老师，你以助教的形式和他合作；也许你什么都不需要，你只是需要再浸泡一段时间，把自己浸润一些，等待一些想法萌生出来，最后一定会结出果子。

其实这个时代里，能发现自己喜欢的事并且为之去做，已经很难得了，因为我们被教育的就是不要被风口抛下。大家只关注利益、增长、趋势、红利，很多人都听不见自己内心的声音，早就不管什么喜欢不喜欢了。一旦潮水退去，第一批被带走的一定都是浮在表面上的那批人。

即便那些在退潮前提早卷钱上岸的人，他们也未必会安稳。他们尝到了投机的甜头，变成跟着潮流的浮萍，可能不会被这波潮水冲走，就会被那波潮水收割。放在更长一点的时间去看，就能看到能到最后的人，都是把根深深扎在土里的人。

那个根是什么？主干是喜欢，侧根是擅长，所以别着急，等它再长长。

我很开心她在很小的年纪就在思考这个问题，回想起我当初七年换过六个工作的经历，是我太浮躁吗？我觉得有，是我不够喜欢吗？我觉得也有。现在再看，我觉得是我的本能在告诉我内心的种子，这不是一个你想生根的地方。

如果每个人都是一株形态各异的植物，有的是土培，有的或许是水培，有的可能是一根直立，有的则可能是蜿蜒攀爬。

我也曾经想过我自己是什么植物，我忽然想起去南方的时候看过的一种树——榕树。

藤藤蔓蔓，毛毛绒绒，可能在传统的白杨树眼里，这一定是个异类，但我却知道，这个或许就是我本来的样子。

既有直立存在的，也有弯弯曲曲的，还有低垂摇曳的，每个都是根，每个又都不一样，很可能会扎根在很多领域，却又能够彼此相连，曲曲直直，独木成林。

写到这儿，自己忽然多了几分对未来的向往。

4 如何构建你的产品

今天要和你说的这个话题,其实也是我在学习的。

前几年知识付费风很大,感觉一夜之间满地都是卖课的老师和训练营,讲的内容往往是大同小异,二手知识。

这几年直播又变成了风口,朋友圈里、微信群里,几乎都在告诉你,直播带货,再不上车就晚了。

读过前几章的内容,相信你一定知道,我是一个讨厌跟风的人。不过在这里我需要特别说明一下,我说的跟风,指的是投机主义者,总是想着跟着赚个快钱。但如果你是一个目前不知道做什么,觉得不论做什么反正先做起来再说,万一能从实践里学会点什么的实践者,那接下来的话,或许会对你有所启发。

我要非常坦白地说,从出书到做咨询,最后再到做训练营,我的路径里有运气的成分,也有自我选择的成分。

我在出第二本书的时候就已经在考虑,未来我最想去的领域是在线教育。我希望可以把自己的内容变成课件,变成可传播、可增长的产品。所以我从那时候就已经在琢磨这件事了,除了看平台之外,我选择的路径是看人。

与其自己单做,不如和大咖协作。

所以我差不多用了四年的时间去重建自己的人脉,毕竟以前我朋友圈里的不是同事就是出版社的编辑,能和写作挂钩的就是和我同一批出书的小伙伴。关于我想去的那个领域,我谁都不认识。

于是我利用参加各种课程的机会去链接了知识管理、在线教育,以及培训行业和生涯行业的各种头部大佬,也参加了各种课程的训练营。慢慢在里面发现如何被扶持,如何在社群里被记住,包括如何从一个励志作者破圈去结交培训行业的人脉。这块我在《穷忙是你不懂梳理人生》那本书里单独写过,就不再重复了。

所有的产品体系,其实背后都一定先和人做链接,这是我的个人习惯和路径,你不一定需要这么做。

了解了想去的领域,做了人脉梳理,自然也会带来不一样的资源和机会。

有时候一些邀约不一定会在你熟悉的领域里,那要不要接受,这又会成为一个新的选择,我通常的选择都是——接受。

我的职场咨询业务,始于当时一个新成立的公司。创始人来北京做路演,找到我聊了很久。我去了线下活动,发现来的人很多都是企业的 HR,或者自己本身就是培训师,像我这种作者反而很少。我也很好奇这个创业公司未来的产品定位,就在这个平台开始入驻。果不其然,在我做了差不多一百个小时的咨询之后,

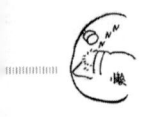

平台融资出现了问题倒闭了，但在这里积累的知识，为后来我成为行家奠定了基础。

我差不多也是在做咨询这个时期开始想到产品这件事，前前后后也走了一些弯路，从目前的经历来说，如果可以为你做个总结的话，我觉得可以列出这么四条：

第一，要了解自己，明确自己的模式。

川叔刚刚分享了"我是典型的人脉思维"的方式，通过与人结交去弥补自己产品架构的不足，同样也是通过与人合作的方式去完善产品本身。我自己并不喜欢社群运营，包括课程的售后，这些并不是我擅长的。所以我的选择方式就是和有这样能力的平台去合作，大家都做自己擅长的事情，在各自的长板工作。

第二，面对邀约先接受，哪怕是失败，也会变成成功的基础。

我非常不建议你仅仅因为害怕而接受了某一项挑战性的邀约，抱着恐惧去面对挑战，你可能很容易败下阵来，还患得患失。不如变成带着好奇的心态去看看，也别设定自己就一定能做得好，反而多想想，哪怕做砸了都可能为下一次铺了路。

第三，在做的过程里学会复盘流程，总结分类。

对我来说复盘不是重写心情和状态，我自己复盘里最容易出现的三要素就是：梳理流程、总结收获和不足，把客户、问题，或者是其他进行分类。

从这三点出发，我可以做经验输出，做服务产品迭代，做话术更新，做客户画像描摹，做共性分析，做书单和模型储备，等等。

最后还能做成系统化的培训资料。

觉得自己结构化不太好的小伙伴,可以去翻一翻《金字塔原理》和《麦肯锡意识》,这两本书对梳理和建立结构化思考能力都挺有用。

第四,如果你的产品是提供服务,除了敢于定价还要细想你提供了什么价值体验。

我差不多做了三年多的知识输出,看起来好像是做讲师,在训练营里答疑解惑,但我后来发现,可能是我想错了,或者是时代变化了,所以需要发生转变了。

以前是人们对知识和技能了解不多,市场缺乏教育,所以所谓的在线教育,更多的其实是把老师搬到了线上。但随着知识的增多,越来越多的知识付费平台开始普及,人们不但不缺知识,甚至开始觉得有些学不进去了。这时候再去"发明"知识,就很容易进入标题党或者是刻意营造流量热词的死胡同。这时候的学习更像是提供了一种服务。

如果你现在的业余爱好是插花、宠物美容,或者是星座塔罗,不要再带着过去的那种"我把我懂的都教给你"的想法,也许学员的诉求并不一定是要学会,可能就是来放松的。

听老师讲个段子,配合一点点知识,过一个下午,觉得身心放松。

有收获很重要,但体验更重要,所以怎么讲,讲多少,用什么方式去讲,会是接下来大家都需要思考的课题。

学着挖掘自己的个人风格，会成为你在教学产品本身额外的增值项。

如果现在的你身处职场，那尝试去发掘个人爱好。从爱好做起，再结合自己喜欢的方式，比如爱链接人的就可以做社群，做小范围的见面，爱动脑筋的就可以做一些小产品的开发，完成自己第一轮产品的组成。

如果现在你已经从职场出来了，正在自己单干，那可能你一开始只能靠自己的专业接单，但千万不要忽略了我们刚刚说的复盘的三要素。定期整理和思考，你会发现可能你的经验和分享，会对新手和同期的小伙伴都有指导作用，从分享里可以变成咨询、辅导、教学等服务类型的产品。

如果你说，我现在还处于一脸蒙的状态，但我的确很想做点什么，那最好的方式就是借助一个课程，去加入一个社群，看看和你同批次的人都在做什么，以及他们学完之后是如何应用的，但是……

是的，我要说一个但是！但是他们的所有方式，可能都未必是你想做的，那就不一定需要跟随，可能有的人适合做社群，而你或许适合做分享嘉宾。

如果你也单纯去模仿别人做个社群，也许又劳心劳力，又焦虑痛苦，还不如看看自己是不是可以多几次分享的机会，在每一次分享之后去复盘，看看自己下一次如何迭代。

未来人们或许最不缺的就是接触知识的触点，最不缺的就是各式各样的产品。如果我们每个人也都是一个产品,你是希望把自己变成一个杂货店?今天卖鱼明天卖锤子,还是你希望自己可以是一个主题店?我这里只卖水产,所有的鱼虾海产品我都卖,或者你是希望把自己变成一个精品店?我这里卖香水,非常欢迎资深的香友来做客。又或者你自己不做产品,但是你认识很多做产品的人,定期举办会员沙龙,到时候你可以介绍他们认识一下。

学习只能解决认知的问题,不能解决思考。

不论去学还是去做,都离不开回到思考自己和分析自己,只有把自己想明白了才能把自己用好。

明明你擅长的是 A,却跟着别人模仿,强迫自己去做 B,最后你也很辛苦,可能产品也不会太好。不如你是 A 就做适合 A 的事情。

不论学什么做什么,都抽几分钟想一想:

如果我自己是一个产品,我要如何为自己定义?

如果我要开一个店,我希望它是怎样的?

如果这个店可以扩大,那会是怎么样的?那样的话我自己舒服吗?

那如果这个店不扩大,我最理想的状态它是怎样的?总不能是一直亏本吧?

如果我就在那个理想状态里,那个我和现在的我区别是什么?我要做什么调整才是向那个方向去出发的?

5 跟对人,很重要

如果说职场里的同事不是你选择的,是老板替你选的,生活里你遇到的一些朋友可能也未必是你选的,也许是兴趣爱好、因缘际会、三观一致,从时间里慢慢沉淀的。

那在一生里要做的事这个命题下,有些人一定是你可以选择、可以确定,甚至可以预知能一起走多久的。

如果你还是小白心态,抱着学习的态度,你可能需要做的第一个决定就是选择一个什么老师。过去我们选产品,会习惯性地先看需求,然后看性价比,在知识付费的时代,一定也有人带着过去的心态去做,哪个便宜选哪个,让一些所谓的老师们开发出了更多的套路。什么完成多少天打卡全部退费啊,什么名额有限啊,什么低价的引流课啊,甚至是什么直播抽奖大礼包,其实就是打折券!

如果大家一直都在价格上去比较的话,可能最后你是又浪费了时间也浪费了心情。

买东西主要是在用,但学知识既要解决认知的问题,还决定你会和谁走在一起。

我过去有很强的权威崇拜,所以很容易觉得想要认识大咖,名气越大越好,这个思维不知道现在是不是很多人也有。

如今人造的大咖越来越多,甚至有些人成名之后,过去的名气反而成了限制和拖累。如果你只是从大咖身上学一个入门,多少有些浪费学费,但也说明你不是在计较价格,是真的想入门,可能你会收获一批好的同学,大家互相帮助,或许也能成就一些东西。

如果你完成了入门想要晋升,这时候你有了一定的判断力了,那选择似乎就格外重要了。

我总结了三个维度,仅供你参考:

首先可以从大咖自身的维度看,看他是否有不一样的产品在做,或者已经推出。

产品的维度可以看出一个人的创新能力,因为它一定是来自对市场的思考,来自对客户需求的整理,同时也来自认知和持续研究的能力。如果只是一味地跟风,或者推出的产品只是单纯服务客户需求,没有在原有领域提出新的方向和引领性的东西,那这个人其实已经在走下坡路了,不适合长期跟随学习。

其次就是看大咖带出了什么样的人。成为佼佼者或许需要勤奋,需要机会,但成为一个行业领军人物甚至是领袖,则需要一定的格局和领导力。如果团队里只有他自己最牛,带了很多班,甚至已经在行业内深耕很多年了,但你没听过他的弟子取得过什么样的成绩,也没有见过跟他学习的人再回来帮忙,那或许意味

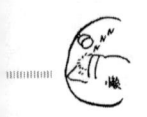

着这个人的成就是有排他性的，对于优秀的人和独立见解的容忍度会不高，或者是自身的管理能力有缺失。就是他可以自己出色，但无法让跟他学习的人一起出色，而你就是那个跟随他学习的人呀。所以如果你都看见前人是这样一个结果了，那干吗还要重复前人走过的坑呢？

最后就是多听他聊什么，也可以提问，问问他在未来想做什么，尤其是对所在领域有什么意义。

一个人一直聊钱，可能他身上不缺钱，但或许心里缺，他需要被人看到他有赚钱的能力。

一个人一直聊成绩，很可能代表过去他很珍视这些经历，那他留恋的是一起经历的人？自我超越？还是仅仅是一些名头？或者只是因为那是他人生里最好的时刻？

这两类人都在看过去，所以如果可以聊聊未来，不妨看看他会怎么说。

如果一个人在聊未来的时候，一直聊自己要怎么干，尤其这个怎么干是和越来越大有关的，是和能赚到钱有关的，可能他在做一件让自己兴奋的事，但未必是对行业有帮助的事。

一个业态的养成取决于一些头部人的投入和引导，如果真的是对行业有引领和影响力的人，他没有花心思在如何培育市场上，而都在想如何从这个市场里赚到更多的钱，那其实这个就是在割韭菜嘛！

一个人的思考的着力点是藏不住的，每个人都会有各自的模式，包括自己内心缺失的部分都会通过言谈举止体现和透露出来。我觉得如果到达了大牛级别的人，不讲情怀，不看意义，不看长期发展，而只提过去，只在当下如何拼命捞，只在刺激市场，那一旦状况变了，市场不好了，可能他就是最先跑路的那个。

《流浪地球2》上映的时候，我专门为了刘德华去看的。他演技的巅峰时刻可能也是港片市场被蚕食的时候，好不容易一路打拼做到王位，却发现朝代更迭，大势没落了。我特别欣赏的是他为新人导演做了一个投资计划，有人觉得这是他为自己在投资，我却觉得，或许这是他在为行业去做引导、蓄力和贡献。那次的导演投资带出了宁浩，后来宁浩也做了一模一样的新导演扶持计划，于是就有了郭帆的《流浪地球》。

所以在《流浪地球1》的片尾看到对刘德华的感谢，我并不意外，看到刘德华参演了第二部，我觉得很欣慰。似乎当年种下的一颗种子，不但开花结果，还把更多的种子带到了各地。

很多人会觉得愿景和意义很虚，我却觉得不论是优于我们的那些导师们，还是未来我们可以一起做事的伙伴们，大家在闲暇当中真的可以聊聊这个课题，它往往更深刻。

我们在路上已经出发，但你为什么出发？你要去向哪里？你去的那里有什么？

这些或许是在独自一人思考的时候会迸发出的答案，也或许是在聊的过程才被碰撞和激发。

那就看看他们怎么说，看看他们说的时候，身上带着什么样

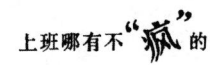

的光。

  这光是关乎过去的光环？来自金钱的闪光？还是源于梦想的高光？

  和有光的人一起出发，你才能离光明越来越近。

6 "谢谢你一度照亮了我的生命"

在上一篇文章结尾我提到"和有光的人一起出发",可能就会有小伙伴心生向往说,那我要用多久,才能成为那个有光的人呢?

其实这句话是我的学妹送给我的。

学完教练之后,我申请了做下一届学员的小组教练,什么叫小组教练呢?简单地说每一届新学员会被分成一个组,一个组的人会坐一桌,每个桌都有一个教练,一方面负责解答学员提出的问题,另一方面是配合老师去分发教具,做小组训练,告知训练规则等。

除了要和小伙伴一起上课之外,小组教练还有更多的工作是在线下。因为每次上课之前学员都需要完成作业录音,小组教练要负责听,还要组织学员开会,给大家反馈。除此之外如果组员之间发生矛盾,小组教练还需要沟通协调,整体来说有点像上大学时候的辅导员。

这个职位会有一些收入,但和付出相比更像做义工。因为除了以上的工作之外,每次开课前还需要开大量的沟通会。为了保证现场配合默契,每节课开始和结束前都需要做定向和总结,是一个非常需要花时间、花耐心,并且还要保有热情和爱才能去做的职业。

我之所以想申请,是因为觉得自己很多内容学得不扎实,所以想再回到课堂。一方面可以重新学一遍,另一方面看到下一届的学弟学妹,也就像当年的自己一样,会明白要在什么阶段帮他们做什么样的心理建设,从而能够坚持学完。

一学期需要八九个月,你和组员之间至少每个月见一次面。我那时候辞职,时间很自由,很有热情也很有冲劲儿,后来和机构之间发生了很多不愉快,对我的热情有了很大的打击,但我们组之间至今都还保持着不错的联系。

这一届学员我一直带到毕业,其间我只有一门课因为出差没有在场,其他的时候不论是线上课,线下课,我都陪着大家。

其实整个过程里,收获最大的反而是我,因为之前我一直没有自信,觉得自己的教练对话做得好烂。当我以小组教练的身份出现的时候,再看当年和我一样才入学的人,我才发现,原来我还是有进步的,而且进步很大。

人的目光就是这么奇怪,我们总是把焦点放到我有什么东西没做到,却往往忽略了我做到了什么。现在回看出发点,才发现原来我已经走了这么远了。

在和每个人的接触里,我会看到形态各异的模式,用不同的方式给出反馈,让对方觉得既被看见了,又有了新的觉察,整个过程也是一个教练对话实践的过程。

我也学着当初我的小组教练的方法，把学员的对话录音转成文字打印出来，然后逐句倾听，画出重点，给出反馈。

一开始学员看到这个阵仗都吓了一跳，因为很多对话录音可能连他们自己都没有听得很仔细。

就这样一转眼到了毕业的时刻，我跟着他们参加毕业礼。看到每个人身上发生的巨大转变，由衷地为他们开心。我给他们每个人都准备了一份小礼物，除了一张卡片之外，每个人都收到了一个档案袋，里面放着他们从入学到现在，所有提交过的作业对话录音的文字版。我对他们说：这个就是你们自己走过的路，可能你们到了毕业也和我当年一样觉得一脸蒙，或许还会有很多的负面评价，觉得自己不够好，我自己当年也这样，直到我看到了才入学的你们，听到你们在课堂上的提问，我才觉得，哇！原来我还是学到东西，是在往前走的。那时候我就在想，怎么才能让你们在毕业的时候知道，原来我走了这么远的路呢？所以这份礼物是第一次见到你们的时候就打算这样送给你们的。因为接下来你们可能还是要回到自己的生活里，你们也许会在这个领域继续学习，也许不会，所以就把这些过去的生命印记送给你们自己。人生没有白走的路，每走一步都算数。

晚上在一个写小纸条环节里，我收到了其中一个组员写给我的纸条，上面写着：教练谢谢你，谢谢你一度照亮了我的生命，未来我也会带着这份光亮去生活，努力做一个发着光的人吧！因

为你不会知道有谁曾借着光照亮过人生。

这句话感动了我很久，但我却无法想起我到底为她做了什么，或许只有她自己知道。

类似的事情在我毕业一年后，忽然收到了另外一个组员的邀约，邀请我去她们公司为她们公司的副总裁做教练。我很诧异她为什么发出这个邀请，因为我印象里我们之间好像没怎么打过交道。但是她说，她对我印象深刻是在一次给别人做教练对话反馈的时候。

因为要支持学员做对话实践，除了学员之间互相练习之外，大家还会自发地组织三人小组做接龙式的练习。一个人做客户，一个人做教练，一个人做观察员，半小时后角色轮换。因为是新学员，所以大家可能会有做得不到位的地方，就需要一个小组教练在三个角色之外去做观察，观察刚刚的教练什么做得好，什么需要加强。而观察员观察到了什么，没有观察到什么，这其实是一个很耗时间的活儿。一轮做下来最起码要一个半小时，加上中途的休息，大家的反馈，我的反馈，所以基本上都是三个小时起步。如果再算上北京的车程，出门一趟没有半天的时间根本回不来。这还是一个纯支持的项目，基本也等同于免费。

那段时间我前后应该做过快二十次的观察员。一方面因为我时间空闲，二来可能是因为我的反馈很细致，所以我其实也记不清是我的哪次教练反馈打动过她。直到她说起具体的时间和地点，又说起在我反馈的过程里，我对客户做了一个提问，结果客户忽然就哭了，客户感受到了被人理解。她说，那一刻我仿佛看到你整个人被温暖的光包围。

别人都在我身上看到了光，唯独我自己不曾感受到，我只是觉得我在做好自己手里的事，保持善良，倾其所有。

直到我去了一家企业做高管教练，客户都是企业的中高层。我在第一场对话里就看到了客户自身的纠结、紧张、恐惧、焦虑，我看到一个一直逼着自己不肯放松，一直强调要高效的内卷的灵魂。然后我就问了一句：我感受到你好像自己要把自己逼到一个死角，干吗这么对自己呢？然后客户一下子就哭了起来，她哭完后说，我看到了自己的委屈和不容易，说完又哭了起来。

哭，其实是客户自身情绪的一个出口，并不是让客户哭就代表教练很厉害。

只是客户会借助哭完成一个情绪的宣泄，会和自己内在的感受链接在一起。

这个加速的时代让人们会越活越快，最后就是只有大脑能跟上这种速度，身体和感受被拖后。甚至时间久了大脑还会告诉自己说，感受不重要，身体没那么重要，赶快去工作，干就完了！

这也是为什么很多人做了高管之后，反而觉得幸福指数下降的原因，因为身心不合一。

只有让大脑慢下来，感受才会升起来，只有感受在大脑里占据一定的话语权，你才能感受到身体是酸痛还是在流血。

别看我现在说得头头是道，但我第一次在对话里看到客户哭

的那一刹那,是手足无措的,一个陌生人对着你哭,这多少会引发我内心的愧疚感和慌乱,很想立刻解决这个问题。

好在慢慢在后来的学习里我明白,这个眼泪是关乎客户自己的,而不是在教练这里。

所以我才一点点地克服面对客户哭时的逃避和恐惧。

那天的对话后来进行得很顺畅,客户在哭完之后,忽然觉得眼前的压力小了很多,很快就拿到了不让她感到压力的解决方案。

再后来,还是这家公司,又有一个男性高管因为提问和有耐心的沉默,泪水慢慢地蓄积在眼眶。在那一刻我忽然感受到了自己的光,直觉告诉我,现在不要动,就保持着注视和沉默。

沉默也叫停顿,就是在对话前和后,都停一停,仿佛为一段对话画出了留白。甚至在客户讲话的时候,我们只做注视,不打断,确定他彻底讲完,并且目光看向我时,我才会再开口做下一个提问。那天的客户很喜欢画图,一开始就用手边的白纸在画图,把过去的历程,把面对的困难,用简单的线条画出来。当我们聊到一个核心之后,我忽然拿起他最开始画的那张图问他:"那带着刚刚的发现,现在回到这张图里,你看到了自己是怎样的?"

我看到他拿着那张图陷入沉思。过了快一分半钟,他开始喃喃自语,然后眼眶湿了,最后摘下眼镜抽泣起来。我能感受到那一刻他看见了自己,我没有动,只是看着他。他哭得很伤心,哭了快三分钟,我想象我的背后的光,正在变成一双大手拥抱住他。

那是我第一次感受到自己的光,如果你问我,你是如何感受到的？要如何做到？

我大概只能凭借自己的经历去简单总结，但不一定是标准答案，因为每个人发光的方式都不同。

放弃内在的自我评判，当你一直给自己低评价，你不会相信自己有光。

全然纯粹地去做一件事，在投入里找到对自己的喜欢。

为他人做事时，把重点都放在他人身上，你有没有在里面掺杂你的杂念，对方是能感受到的。

时刻内观自己，保持你的反馈纯净，不带有评价而是带着好奇。

当别人告诉你，你是有光的，全然相信他，并且想着，我可以用这束光来为你做什么？

我相信每个人都是发光体，只是有些人还没有找到属于自己的发光方式而已。

7 工作而已，它只是一种体验

一位好久没见的朋友忽然问我：你现在是自由职业吧？应该也财务自由了吧？

我回答说："我只是花得比较少，说自由的话，算人生自由了。"

是的，人到中年，不参与职场的内卷，有自己喜欢做的事。可以安静下来，不焦虑，不评判。

可不就算是自由了嘛！

其实我的这份坚定也是经历过好几轮震荡的。辞职的这几年我有好几次反复，甚至尝试修改简历，想着要不要找一个低阶的职位去入职算了。因为我好想回到人群里去啊！

这个想法在我辞职第一年半的时候发生过，第二年又发生一次。到了第三年，我去上了一堂关于自我觉察的课，终于放下了。

人，生而焦虑。有的人这一生好像都在焦虑。

前几天去见了一位创业十几年的老朋友。他说："我把公司裁员成了一个最小的编制，心太疼了，但没办法啊！而且你看我现在四十多了，如果公司开不下去了，想找个地方上班可能都没人要我。"那一刹那，我忽然觉得，好像每个人都活得挺无力，每次都想着，如果有一个群体，可以融入、可以依靠，该多好。

每次看到有朋友打算辞职，说辞职后一定要写一本书，一定要做自己喜欢的事儿，一定要如何如何的时候，我都会忍不住先是赞叹，结尾时问一句，那你为辞职做了什么准备？你还打算再回职场吗？

很多人会兴高采烈地说，我再也不回去了。但他们通常会补上一个前提，比如：如果我的短视频拍得好，播放量很高的话；或者是，如果我的账号做起来了，那我还回去干吗？

似乎所有的决定，都在于一个"如果"。

究其原因，还是我们如何看待工作的意义. 如果找到了，就理解了工作是怎么回事，如果没找到，可能还要回到职场里去继续找。

我现在的答案是，工作只是一种体验，是人生里目前想要体验的，如果体验够了，那可以换一换。比如把每一天都当作工作那是什么体验？把好好活着当作工作那又是什么体验？

如果我再穿着职业装回到职场，一定不是因为钱，而是我觉得这件事值得！

我不太推荐把"如果我的什么东西做得怎么样"作为前提的朋友辞职，或者说，他们的辞职只是在工作和工作之间，让自己喘口气。

那些所谓的等有了时间，一定要把想做的某件事做好，可能等真的辞职了,到了执行梦想的阶段才发现,一切并不像想象得那么顺利。这时候你会陷入价值感的摇摆里,原本借助职场和圈层给我们带来的价值感,在面对自己喜欢的事情上,在大投入小产出的现状里,很多人都很容易迷失。

副业赚钱,这是一个看起来很好的泡泡,一旦变正职,才发现原来这不过是另外一份工作而已。

那怎么才能真的自由呢?川叔觉得可能有两点是你需要注意的:

第一,了解自己真正喜欢什么。

这个部分是需要体验的,很多人所谓的"我想做的事",可能并不是真正地喜欢,只是可以做一点副业,赚点零花钱的工作。一旦错把副业当正业,你在正业里受到的苦和经历的磨难,在副业里一样都不少。

以前我也不知道自己喜欢什么,甚至在别人问的时候,还会反驳说"我喜欢的东西没钱赚啊!"

其实很可能是我不那么喜欢,或者我的喜欢不太全面。

喜欢某事,从事某事,要去更深入地了解,包括了解背景和生态。

真正的喜欢,是知道了这个东西背后可能是一个市场饱和的领域,但还是能说出"我就是很喜欢"。

如果抱着这样的喜欢,那你是可以做出一点成绩的。

你会因为喜欢,去克服所有工作里的障碍和困难,会去学更多，会激发出创意、灵感和更伟大的梦想。

喜欢这件事，就是想每时每刻都在一起。

就是知道了它的出身，也不在意。

就是有理由相信，自己和它在一起，会创造出更多更有趣的东西。

爱情，爱好，皆同此理。

故步自封，不是真的喜欢，只是很盲目而已。

自顾自陷入对未来的憧憬，却不乐意去了解一下背景，也不是真的喜欢。

一直考虑能不能养活自己，就是最后说服自己变成副业最好的理由。

第二，学会放下自己评价。

如果你嘴上说着在做自己喜欢的事，但当别人问起你最近在做什么，你却觉得自己做的这件事，说出去很胆怯，甚至觉得脸红。

那很可能是你的自我评价在作祟。

刚辞职的那段时间，别人一问我最近在忙什么，我就回答说，最近在休息，在家待着。每次说完都有种羞愧感，仿佛我休息是有罪的。

其实别人不关心你的生活与未来，我之所以感觉到羞愧，是因为我觉得自己不应该待着，哪怕是休息也应该创造价值。

这里还藏着很多我的担忧，比如一直待着会不会能力下降，

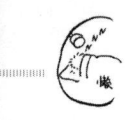

和社会脱节？别人会怎么看我啊！这些恐惧，才让我觉得羞愧。

如果你此刻已经在自我评价当中，那这些言语就能很容易地钻进你心里。

时刻都在意他人评价，时刻都在做自我评价的人，其实很难做到"自由"。

他们只会拼了命地想用成绩和付出去证明，证明自己的决策是对的，证明别人的担心是错的。

爱吃甜豆腐脑的人，会觉得吃咸豆腐脑的人不可理喻。反之也是如此。

可如果拿豆腐脑和油条去做比较，大家会觉得没有可比性。

既然我们都明白，豆腐脑和油条不是一类东西，那有没有可能，你的梦想，和别人的理解，也不是一类东西。

所以干吗陷入别人的评价里呢？干吗从单一维度去衡量自己呢？

如果你觉得自己的成长只能进步，不能退步。

如果你觉得努力就会有结果，没有结果的努力就等于白费。

那你是不是也在线性的状态下给自己下定义？

那如果这个评价体系是在一个360°的面上呢？

如果把这个评价放在一个失重的三维的空间里，你又怎么判断现在的这个点，是在上？还是下？是进？还是退呢？

你学了那么多知识，明明你可以自我定义，你却总是喜欢用别人的标准来定义自己的生活。

所谓自由，就是拥有了自我定义的能力。

你可以定义，什么叫属于你的生活，什么叫你的工作，什么叫你自己理解的进步，什么叫做有意义。

如果你定义得坦然，接受得坦然，那我觉得你就离自由不远了！

做自己喜欢的事，拥有自我定义的能力，这样的你一定是发光的，温暖的，对他人有影响的。

所以，如果到这个维度，还有人问你，那你做这件事能赚多少钱？你为了什么？

我估计你可能会笑着说，其实我都没想过这些，我就是想为自己，为了世界做点什么，刚好是我会的，刚好也是大家喜欢的。而做这样的事，内心欢喜，世界也喜欢。

如果大家都喜欢，那干吗还担心钱呢？

8 无须准备101种解决方案

昨天和一个远在国外的同学连线做教练对话练习。她在一家非常知名的头部企业做高管,从毕业开始就在这家企业,已经快30年了。从国内到国外,她一直跟随公司的发展安排走,最近她打算退休了。一方面觉得身体状况不好,想给自己的后半生多留一些时间,另一方面她想回国去做专业的教练,但似乎对前景有些担心。

用她的话说,马不停蹄了一辈子,很可能辞职了也不会停下来。

连线的时候我这边是下午1点,她那边则是早晨6点。她怕打扰丈夫和孩子,跑到外面来接视频电话,因为室外很冷,所以她需要一直走。我看着她在暖黄色的灯光下,背景是黑黑的夜。

黎明拂晓,或许也是最黑最冷的时刻,我开玩笑说,此刻的你似乎也在马不停蹄,现在你感受到了什么?

问感受,是教练对话里经常会出现的提问。

我们的大脑太聪明,面对很多的提问它会自觉地给自己找到最佳的回答。而一些所谓的最佳答案里,真的动机和情绪就会被优化掉了，因为只有大脑会下判断。哇，我这么说了，对方会怎么看我啊？我还说我想哭，是不是太丢人了？

学习教练以及去做教练对话，一个前提是要对自己足够敏感和坦诚，你能这样对自己，你才有可能有勇气这样去对别人。

我们的对谈里，她留给我印象最深的一句话就是：没有人会真的在意你，除了我自己，所以我要为我自己负责。

我感受到那种坚定的背后，是一种孤独和伤感。

最后她说道，自己像宇宙里的一粒尘埃，自己很想漂浮着，就像躺在水面上那样……

她说我一次都没有那样体验过。

当客户一直在用非常肯定的语气说，我没有，我不会，那通常也是身为教练的人需要去判断现在是不是可以去挑战一下客户的时刻。

所谓挑战，不是真的要打一架，而是去挑战客户此刻的这份坚定里面的不合理性。我们称之为限制性信念。

这种信念往往和一些负向的能量有关，比如：我妈妈根本不爱我！我爸他就是一个无情的人。

这个挑战取决于你对客户当下状况的判断，而且很可能挑战会带来激烈的冲突，甚至也有可能会失去对话的信任，从而造成对话停止。

所以做教练最难的地方是去做选择，并且相信你的选择。

我们在学习里经常说的"保持教练状态"，其实是一个很模

糊的词。就是除了要保持中立客观的态度之外，你还需要能保持好一定的弹性，即对你的发问不做预设，还要接受客户所有的反馈，甚至是反驳。

在发出挑战的时候，背后是基于我那时那刻的亲眼所见和真实感受，而不能是基于我是为了你好，我希望你可以看到。或者是，我觉得这么问了他一定觉得我很厉害，觉得我看懂了他。

所以，看起来好像教练在聆听，但其实他内心里的思想活动异常丰富，同时他还要配合时机。

那天我就错过了那个时机，所以只能在她关于尘埃和漂浮之后问她，如果你此刻就是那个浮在宇宙之河里的尘埃，你觉得这条宇宙之河会把你送到哪里去呢？

她忽然感慨地说，我过去最相信的一句话就是"我命由我不由天"，我从小就坚信命运要掌握在自己手里。可是现在，当我就身处在这样一个宇宙里的时候，我忽然觉得有些事并不是你努力你就能改变的。或许什么结果都不重要，重要的是这个过程，可能结果就是过程……

她在说这番话的时候，不知不觉天就亮了。我能感受到她内在的那种控制带来的紧张消失了，她自己也说此刻她觉得无比放松。

对话的最后，我问她，如果尘埃就在这宇宙里，从宇宙的角度看，尘埃也是它的一部分，你作为尘埃，能感受到你在宇宙的爱里吗？

她听了这句话,沉默了许久……

其实花了这么长的时间说了这个故事,并不是告诉大家,规划不重要,我也是从一个不相信人生规划,到被职场训练后,凡事必须有规划的人。

只是我要提醒你的是,当你想去做某事的时候,你写的规划是因为愿望,还是因为恐惧。

你如果只感受到只有我自己可以帮自己,如果我自己有没注意到的地方,这事就全完了。那坦白说,你抱着这份担心,你做什么都会很辛苦。

你可能会变得出色,但可能你越出色就会越焦虑。因为你会被自己哪次可能犯错的念头一直困扰着,很可能你位置升得越高,犯错的成本也就越大,恐惧也就越多。

所以为什么很多升到高位的人很容易控制欲强,或者很容易脾气火暴,有一大部分原因,他们是在用愤怒掩盖恐惧。

世界其实是很有趣的,它并不是一面平整的镜子,它甚至可能是一面扭曲的镜子,而恰恰是我们自己造就了这份扭曲。

我以前在直播里分享过这样一个比喻,为什么你担心的事很多都会发生?这就好像你面前有两个许愿池,你每次都只往美好的池子里丢一枚银币,而往恐惧的池子里倒 100 枚。

你说你希望做的账号成功,这像是一个美好的愿望,可是你就不再去丰富你的愿望了。你不去想,成功的时候是做了什么题材,发现自己成功了,当时的数字是多少;那时候的心情是怎么

样的，后来是怎么庆祝的。

是的，这些我们都不想，我们花了大量的时间去想万一我不成功会怎么样。想了一百种可能，还顺便为这一百种可能找到了一百零一种对应方式，似乎觉得这样就万无一失了。但你忽略了，只是去为了应付这些可能性，可能就已经耗光了你所有的热情。

现代创业者喜欢说初心，我们在能量层面喜欢说吸引力法则，现在你能发现，你把大量的精神力都放在什么位置了吧？

所以我才说，与其因为恐惧去做大量细之又细的规划，不如多让自己畅想一下，或者带着家人和团队一起畅想一下那个美好的未来。多去体会一下，如果理想实现，那时候我会是什么样子。把那种要为一百种坏事而预备一百零一种解决方案的力气，换成有可能实现目标的一百个方法。相信会有好事发生，自己会在追寻理想的道路上终有收获，或许你的恐惧会少一点，事情成功起来也就更简单一点吧！

9 什么将是我一生的工作

这也是我给自己留的一道题目,我想在这个关于工作的章节末尾,尝试着自己解答一下。

两分钟前我的冥想主题是:你对世界还有什么馈赠?

我闭上眼,内心带着无比的欣喜,仿佛听到自己又在侃侃而谈:"我没有什么是不能馈赠的,我的时间,我的人生,我得到的一切都是从世界中来的,没有什么是不能被拿走的。"

我问了自己一个问题,如果你只能送一样,你会选择送什么呢?

我在脑海里想到一句话,我觉得这就是我的答案:把我从世界感受到的光和爱,再回赠给世界。

我把这句话写在自己的手账上,心里冒出了"和光同尘"四个字,我看到释义里写着,与世俗混同,不突出,不显露。

忽然觉得那就是我想要去的方向。

以前我觉得我是一个发光的人,自带能量,为他人赋能,给他人点亮人生。那时候我以为我大别人小,是我在帮助别人。

现在我觉得我是一个借着光的人,借着从宇宙万物而来的光,

成为唤醒者，成为众生的一员。相信每个人身上都自带光芒，把自己得来的光当作种子，让更多人有机会看见自己的光。

曾经有个老师问我，有什么事，你可以为之去死？你找到这样一件事了吗？如果找到了，那就是你一生可以为之的工作。

最初听到这句话的时候觉得，哇！好可怕，什么死不死的，太不吉利，我还没活够。

后来的路上去细想，上班肯定不是那件值得我去死的事，上班是为了生活。

那写作算吗？演讲算吗？画画算吗？

我脑补了一下我真的死在书桌前，或者死在演讲台上的场景，似乎那个瞬间我还是在意自己的。我在意死的时候别人对我的评价，哇！这个作者好努力！哇！这位老师好敬业！哇！一个有才华的人走了，好可惜。

总是担心自己不够重要，这是我下一阶段的功课。

我试着观想一下，从画画到写作，到演讲，我都在做什么？

我觉得我都是在与人打交道，我在看见，我在相信，我在传递。

所以也许未来我的工作形式或许会变化，不知道会发生什么变化，但我觉得无论发生什么，我都会选择去接受。

也许写不动了就去画，画不动就去讲，真的走不动了，就开个直播吧！

如果我失去了讲的能力，就用这带着善意和相信的眼睛去看这个世界，我有足够的信心去相信，它会变得越来越好。

可能每个人都讲过，我们要做一个终身学习者，但学了做什么？似乎没多少人想过。

现在我想到了，我要向每一个人去学，学着如何了解人，学着如何让走在黑暗里的孩子，找到回家的路。

保持和那个更高版本的自己去链接，用学到的知识去理解，然后变成行动，再把行动效果回馈给世界，从自身开始，用行动去唤醒，慢慢地看见世界的改变。

10　如果工作是一场修行

这是这个章节的最后一章，不知不觉就走到了尾声。

写这个章节的时候，我给自己创造了一个新的体会，试着在未知里体会。

我知道关于"修行"这个词的解释可能会有很多，但我都统一把它当作一个创造体会的机会。

写作是我一生可以为之去做的事情。过去我很排斥写作，因为觉得自己更喜欢画画。我在画漫画上花了 17 年，也发表过一些作品，但最后我 30 岁时觉得自己没有漫画创作的天赋，我可能只是更喜欢看。

我不觉得自己写的书有多好，我认为我是遇到了一个好时代，我用大脑去分析自己的写作方法，还试着去输出，希望让别人也可以快速学会。

在没有写这本书之前，在重要的事情上我依旧是一个计划派，因为害怕，所以计划。

我要特别感谢唐老师在课程里为我带来的新体验，让我去体验这种在未知里的感受。

第3章 什么才是我想要的工作

没有框架,没有关键词,只有自己和自己的对话。

我能清晰地感受到我的头脑里一次又一次地泛起怀疑,而我也能看到我的心一次又一次升起巨大的力量去拥抱它。最后头脑和心平静了之后,身体最底层的直觉像连通了一样,我忽然感受到很多想法涌出来,感受到了托举感,感受到了那种躺在水面上,你沉不下去,你也不担心害怕的感觉。

我第一次体验到了写作的美妙。于是我开始一天比一天写得多,平均下来我每天的写作量都是过去的一倍。我既不用去回看,也很少修改,我觉得它们就像是一个整体一样。它们本来就是那样,我只是按照样子把它们用打字的方式描述出来而已。

那些内容就像是泉水一样汩汩流出,我觉得我什么都没有做。

如果是以前我可能会在这里说,很抱歉啊,让你看到我拿自己的新书来做实验。

但现在反而觉得,这或许就是我的工作使命,我就是为了和你分享这个神奇的体会,才想要写这本书的。

这本书本身就是一种体会。

今天是我连续书写的第六天,如果在过去,我可能会说,这是我高强度写作的第六天,但现在我觉得我很享受这种感觉。

我似乎能感受到自己内在也有隐隐的担忧,这种美妙的感受是不是过几天就消失了?书写完了我是不是就再也体会不到了?我知道自己此刻又在向负向的许愿池开始投硬币了。

所以,我在书里写的内容不是我体会到之后,我就不再反复

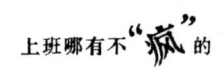

了，并不是像过关一样，过了第一关之后不会退回来了，我觉得这也许是一个循环往复的过程。

我始终能体会到自己内在的冒出的负能量，因为害怕分离带来的焦虑、恐惧，甚至有时候还总去想点保障措施。

如果潮涨潮落、月圆月亏都只是一种体验，没有好坏之分的话，我想每一次周而复始的体验，都会带来新的感受与接纳。

想到这儿，我忽然想起这本书的合作。这次的出版合作条件也是非常新的，如果用以前的标准来看，我可能会直接拒绝，但当时我居然同意了，而且还在心里觉得，那这次我要写一点不一样的，这就是风险嘛！那出版方为了这个风险去更改条件也是应该的呀。所以现在想来，当时答应了，但一直没动笔，而是一直等到我去上完课之后再动笔，也许就是冥冥当中的定数。

我已经投下了许愿的勇气，只是我以为那个许愿是要用足够好来回应。现在再看，其实就是老天在让我看到，原来我已经一只脚踏上了这条出发的道路。

我曾经在20岁的时候说，好希望自己30岁的时候出一本书，40岁的时候生一场病，50岁的时候有一次远行。如今再看，世界回应了我的请求，而我也没有让这个回应错过，我在这些体验里完成了自己的蜕变。

第一次凭借自己的力量学会了薪资谈判完成跳槽的时候，我拿到的是经理的职位，别人叫我经理，我会觉得脸红。后来升到总监，我才发现原来那个脸红不是羞涩，而是一种不配得感。所以我会越做越多，我始终会觉得自己不够好。

我会担心自己被辞退，失去工作会被打回原形，我很焦虑，却只能假装坚强。

我不敢和同事坦露，不敢和父母多说，因为我觉得只有我自己能帮自己，没人能帮我。

现在我不觉得我不够好了，但可能还有一些觉得自己不重要，这或许是之后需要继续修炼的课题。

我的恐惧消失了，不配得感也没有了。可能现在给我一个CEO的职位，只要我觉得如果我做这个职位，可以让更多人受益的话。我估计我也会脸不红心不跳，觉得自己肯定可以做好。

过去我总是习惯出门前照镜子，确定今天的自己很棒再出门，借着镜子把那一刻自己的形象记在脑海里，用来激励自己。

渐渐地，我开始在意自己在镜子里的样子了，我会评价自己穿得不够好看，颜色不够亮，却可能忽视了，也许是镜子上蒙了灰，模糊了自己看到的样子而已。

现在我不用这面镜子也能出发，只是心里还有一面镜子，它照着此刻真实的我，到底是成人还是孩子，是伪装还是真实？只是我也要时不时去擦试它，不要让蒙了尘的镜子也蒙了眼。

我知道终有一天内心里的镜子会和自己合二为一。至于怎么做到，我没有答案，也不设想，我相信时机到了，它自然就发生了。

谢谢你和我一路同行到了这里，也谢谢你看着我解题，看着

我在我也不知道答案的时刻。说着说着,自己明白了疑惑,我并不知道在围观的过程里你体验到了多少。有时候一就是十,十就是一,数量、方法都不重要,对你触动的那一点你收到就好。

我知道可能你听到太多次我提到自己的觉察、疗愈、内在、情绪等等这样的词,也不知道你是否也感受到了自己身体的感受。那试着放松你的大脑,带着身体和心灵,我们去下一个章节,专门聊聊如何面对那些恐惧、焦虑、不够好的感受,我又是怎么在感受里悄然变成了今天这样。

我们下一章见。

Tips：副业赚钱避坑指南

如果现在的你正在纠结要不要开个副业，利用爱好赚点钱，那川叔说几个你也可能会遇到的弯路：

（1）盲目打卡，根本不知道自己想要提升什么。

不结合当下和实际场景的学习，必然是辛苦的。如果你把补齐短板和赚钱混到一起，那一定要清楚，你靠长板赚钱，和要不要补齐短板没关系。

（2）乱凑热闹，在风口里继续迷茫。

会有很多"大V"利用信息差告诉你"风口来了！这些事要赶快做……"如果只是利用平台红利赚点快钱是可以的，但想以此为变现的方法论，可能未必奏效。因为风口每年都不同，平台的红利期总会被吃完。一直跟着红利和风口走，只适合当作一个短期生意，未必能做得长久。

（3）缺少作品，一直在凑合。

这点就和当年的我一样，可能觉得自己也很忙，但交付的成果总是不满意，最后就是低价策略，等机会到来，却发现过去做的东西里没有一个能拿得出手，这一点做设计和写文字的朋友需要给自己提个醒。

到现在，你有没有在为自己的代表作努力。

关于这点我多说一句，其实历史上很多人也都在做行活儿，米开朗基罗的一些经典作品，其实也是行活儿，却不影响它传世的价值。

最忌讳的就像很多职场人爱说的话，你给我开三千的工资，我就给你干三千的活儿，当你放弃了自己的交付标准，开始计较的时候，其实是你自己和平台方的双输。

因为抱着这个心态，你会越来越糊弄，平台也会对你越来越不满意。

我们其实并不知道，每天要把这个活儿做到什么份上才算尽力。

我现在做的工作有没有意义？有什么意义？在未来对我可能有什么帮助？这是你要自己赋予自己的，没有人会教你。

所以，尝试在普通的工作或者行活儿里给自己积累代表作，这样哪怕换到下一份工作，你才有了向上的可能和基础，而不是从一个你不满意的地方，平移到另外一个更看不上的地方。

（4）给钱就干，完全不知道自己在追求什么价值。

副业也好，正职也好，如果你从来没评估过自己的成长和价值，而始终都有一种不配得的感觉，那你可能要小心，你很容易被人当韭菜割，当免费的劳动力用。

刚刚还在直播群里和大家聊起副业变现的原则：

少做门槛低的事儿，你能做，别人也能做的，可代替性太高。提醒自己，不要掺和在依赖关系而不是分享技能的社群里。

现在有很多社群裂变是以拉新、交押金、赚取介绍费来赢回学费的。尤其是当你发现群里准入门槛低，又有很多人在突出回报成果，而往往很少有人讨论产品本身的时候，那你可能就要小心一点，到底这个组织是在靠什么营利？

尤其是现在女性独立越来越被重视，很多组织就以这个名义号召女孩子要赚钱，最后副业变现其实就是号召你去朋友圈里去卖货，这些和技能本身的关联都不大的情况，大部分都可能是大坑。

最后关于副业从哪里来，再容我重复说几句可能前面说过的话：

川叔一直都觉得，副业变现要从你擅长的事儿里去发现，要尝试让自己在爱好里去翻滚，真的要把爱好当副业的时候，不但要了解这个职业，还要尝试去了解这个行业。

把每一次交付都当作一个作品，要有耐心做一个等风者，而不是跟风人。

把握机会源于树立目标，能够学着给自己做规划。

放弃自我思考，就等于给别人开了上门洗脑的口子，被高收益蒙住眼睛的同时也就忽略了高风险这件事。

在人人都能做，人人都能成功的夸大事实里，少看零起点，多看看自己的个性化。利用"我擅长、我喜欢"去做，或许会走得更久一点，一旦进展不顺利，抗压性也就会更大一些。

凡事有高必有低，如果你的推高都是靠他人的评价、靠钱得来的，那行到低处的时候，什么才是引领你走出来的灯火呢？

还是那句话，你为什么来？你是不是真的喜欢？

有些发展的坑我们一定会遇见。指导我们走出坑的，一定不是你过去怎么成功了，你赚了什么钱，因为风口会过去，经验会作废，机会会没有，唯一支撑着你走过坑的，其实是个人的信念。

我喜欢写字、喜欢分享、喜欢和人聊天。所以，我写作、采访、

讲课、演讲，我只是在做我擅长的事，就很开心幸福。

我不擅长做管理，不善于写计划，甚至不太会做提报，这些我能不能学？我能。在房地产这10年，我学了10年，我觉得自己学得挺好的。

但你说，我做这些快不快乐？我不快乐。

从35岁开始，我就一直在找自己的副业：写书、做采访，都是我的尝试。我甚至在写书的过程里，开发出了自己还能演讲、讲课、做直播的技能。

我当时就一个目标，什么时候离开了房地产公司，我还能有收入，而且都是用喜欢的方式赚到的，那我就达成目的了。

从35岁到40岁，我一直都在做这个尝试。

我也不敢说40岁辞职的时候，我做到了，但至少有了那么一点点的底气。

未来我也不知道自己能不能在这条路上走好，但我知道，在一个地方去做，做10年，哪怕再笨，也总能看得到一点回报。

做自己喜欢的事，和做赚钱的事，唯一的区别就是，前者更欢喜一点，相处的时间更久一些，自己更放松一些，身心合一，更自然一些。

人生之路，留给我们自己的时间或长或短，那现在的你想好了吗？

你要把剩下的时间，都浪费在什么地方？是钱更多的地方？还是你喜欢的事情上？还是先赚钱，再回到你喜欢的事上来？

选什么路，都不冲突，因为最后都可能会回到一条路上来。

选什么路去走，都不妨碍你偶尔停下来想想，体验一下，此刻的自己，是不是快乐？前行是为了什么？

前路不远，终点即将抵达，且行且珍惜。

第 4 章

专注做自己

1 花20多万学习心灵成长有必要吗

如果看到标题后你也有同样的疑问,那我先说结论,这个还是要看个人需求:你有没有觉察到自己有所需要,花多少钱不重要,重要的是不要花冤枉钱。

那什么样的人可能需要呢?

当你开始追问意义和幸福感的时候,当常规的办法无法解决你内在的困惑的时候,当你的累不是身体的疲惫而是觉得心累的时候,当你叹气越来越多的时候,当你觉得可以放下自我评价,坦然接受新事物的时候,或许就是你需要更高维度的认知进入生活的时候。

我觉得并不是人到中年才会去上一些乱七八糟的课,很多年轻人,尤其是学历高的年轻人,自我思考越多,就越容易出现上面说的意义匮乏的问题。

在这一类课里我也算是走了很多弯路。后来觉得,如果你的内在是恐惧,想提前知道未来会发生什么好做预防,那这就学歪了。但如果你内在是敬畏,在学的过程里感受到更多的是自己的直觉,和内在的自我联结更紧密了,那你或许学到本质的部分。

第4章 专注做自己

在这个章节里我可能提到一些名词或者小的方法。但老师曾告诫我们，不要跟没有接纳意识的人讲这些，种子没有萌芽，过度施肥只会适得其反。所以我会尽量克制教人的冲动，重点分享关于情绪疗愈的部分。这部分内容对我帮助非常大，过程里会无可避免地涉及关于冥想、自我和解、内在空间等描述。我本人不是任何心理流派的学生，如果使用了一些词语，都是我个人的理解而并非对词语的曲解。所以如果对此有反感的朋友，可以在读到这段文字后停在这里，或者就把它当成一个充满想象力的故事来读，或许会更顺畅。

好了，写完了以上一长串类似声明的东西，我已经放下了内在的紧张。

我不知道接下来分享的这些东西，是否对别人会有帮助，但我希望把这些成长的瞬间说出来。

学习教练对话，开始对话实践，我们不可避免地会被要求在对话里要更专注，放下自我评判，体会到客户说话时候你身体的感受，与你的身体的连接。

在很多时候我都能体会到一种巨大的孤独感，觉得自己永远只是一个人。我是一个很好的目标完成者，在目标里会很舒服，因为我看得见终点，更重要的是我不用动脑子，只要走就好了。坚持走，离终点越来越近就好了。

但当我实现一个又一个目标，重复一次又一次的行走之后，生出了好多对目标的无意义感，会去追问，这是谁定的目标？为什么我只能按照别人规划的路去走?

可能我过去一直都是一个听话的孩子,加上青春期父母不在身边,我在姥爷姥姥微弱的陪伴下长大,所以我的逆反期来得很晚。当我在追问自己为什么要走别人的路,实现别人的目标和期待的时候……已经大学毕业了。

在完成了很多"不得不"之后,突然间,我发现不知道从什么时候起,父母、家人、那些曾给我制定目标、发出期待的人,似乎都在身后了。我要开始学着自己去定目标,这时候我有了一种巨大的被抛弃感和茫然,仿佛看见自己自此以后要孤独面对一切的样子。

我既想要为自己负责,又不知道要怎么样去负责,往往最后就是不断徘徊、回避,甚至对自己定出的目标和别人的雷同而表示出自我厌恶。

内在的自我,似乎想要表达,想要清晰,但又做不到,像一个没有学会说话的孩子,闭着眼咿咿呀呀地叫,世界听不懂他,他也听不懂世界。

我决定要对自己下狠手了。不是因为我多有勇气,或许只是因为在痛苦里太久了,问题又得不到解决,所以我把这个孩子关进心灵的地下室。什么狗屁自我,我不需要,我听烦了他的咿咿呀呀,我到了而立之年,还是先赚钱吧!毕竟有了钱可能一切就都解决了。

就这样我开始了所谓的成功人生,向着大多数人都认为的正确方向去出发。

我以为我是对的。父母开始赞许我了，他人开始认可我了，我也觉得自己向着更好的方向进步了。

我开始变得果断，有决策力，有了目标感，甚至有了雷厉风行的速度感。然后我发现我开始膨胀，有些变形，开始容易暴怒，厌恶失控。甚至朋友之间吃饭，自己迟到五分钟我会原谅自己，觉得自己太忙了，迟到一会儿无可厚非。而对方迟到半小时我就怒不可遏，觉得完全是在浪费我的生命，我会用最快的方式点菜：每个人都点一个自己喜欢吃的，我来收尾。我会觉得今天我请客就是在表达最大的善意，上菜之后我会像一个陀螺，问问这个最近在忙什么，那个最近工作怎么样，然后开始不自觉地好为人师，朋友可能刚刚开头诉个苦，我就已经给出了解决办法。

我停不下来，也不想听任何的废话、负能量，以及所有的无谓情绪。

最巅峰的时候是从我出书开始。身兼数职，忘乎所以，我甚至觉得自己如果每天只睡4个小时依旧能保持饱满的热情和状态。是的！那时候我觉得没有自己做不到的事，我变得太狂妄了。

我没有意识到身边的朋友开始越来越少地联系我，他们觉得我太忙了，和我吃饭都像打仗。很多人也不敢给我打电话，因为只要超过三分钟，我就会用果断的口气说："能不能一句话总结一下，你到底想问什么？"

我不会聊天，但却认为自己很懂沟通。

我觉得自己时刻都在有逻辑有重点地输出。哇！真的是全世界都需要我的样子。

我能一边上班一边出书，还能一边去上学，一边做演讲，把正职和副业都打理得风生水起，我真的觉得自己如此优秀，怎么能这么棒啊！

我开始给自己做规划，给职场做规划，给很多事情都做规划。目的就一个：强调利益最大化，用最少的时间做最多的事。那时候我上班穿西装，下班穿西装，加班穿西装，演讲穿西装，仿佛西装才是我的本体。但我隐隐地开始察觉，很多时候我都是在强撑。就好像为了让西装更挺括，我强撑自己的身体，让它可以更强壮，更能撑住我一样。

我能感受到自己内心依旧没有长大，我和过去一样仍旧害怕失去。即便一路升职，拿到自己想都没想过的高年薪，我依旧是害怕的，害怕有一天会失去这一切……

是的，没人能帮我，我依旧活在巨大的孤独里。

突然有一天，我觉得累了。

可能是算计太久，终究解不出一个答案，累了。

可能是坚持太久，却始终不认为眼前的终点就是顶点，累了。

可能是翻过了一座座山，突然抬头想："我干吗这么没完没了地爬啊！"累了。

也可能是看到了一枚又一枚的奖牌，也看到了手上一道又一道的伤疤，累了。

学教练对话之前，只是想把它当一个工具，学好可以赚钱，打发下半生。

学了之后发现，想看得见别人，要先看得见自己啊！

但我是多么地不想看见我自己啊，也不想内在的自己被别人看到。那个被我关起来的孩子，那么邋遢、软弱、不堪，没什么可看的。

看外在多好，成功、自信、扬扬得意，这不是大家都喜欢的吗？

难道你们真的喜欢一个抱怨、自卑、一直哭啊哭的小孩子吗？

我不喜欢我自己，是的，在快40岁的时候。

我觉得那个内在的自己不值得别人喜欢，大家喜欢的那个我，是穿着西服的我。原来我努力的前半生，所有的力气都用来把西服打造成了一个金灿灿的空壳。

我的内在配不上它，没有了这个壳，没人会喜欢我。

太累了……

后来，生命的礼物就出现了。其实它已经出现了三次了，只不过前两次我都没接，第三次也是半推半就。当时是一堆人在吃饭，提起了这门课，便跟风说那我也报个名，毕竟之前已经有两次听不同的人推荐过，就跟着同学们稀里糊涂地学了起来。

因为没有任何的预设，反而没有任何的评价，包括老师有点犀利的上课风格，我都可以全然接受。只记得当时第一次课结束，我拿到被收走的手机，开机之后收到了对方大半夜发来的一大堆的质问信息。我平静地回复:"我觉得这是你需要反思的,我是班长没错,但我不是你的工作人员,我做了我能做的,但我不欠你什么。"

说完那句话之后,我第一次体会到一点点自由的感觉。我的内在似乎和那个害怕权威的自己拥抱在了一起,我终于可以对着权威,平静地说出自己的真实想法了。

是的,是自由,如果你问我上完课你有什么技能上的提升吗?坦白说,我觉得没有。

但如果你问我上完课最大的体会是什么,一个是我在第二章提到的在心流状态里和拥有巨大潜能的自己链接的神奇感受,还有一个就是自由。

没有拘束感,不再有恐惧和担心,可以自由地表达,允许自己慢,也接受自己快。

第一次体会到人生不是线性的,不是只能高不能低的直线,而是拥有极大的可能性。每一天都能是崭新和丰富的,不再孤独,觉得自己和万物紧密相连。

这次,我体会到了安心和喜悦,有了更多的反思,头脑里的指责少了,我终于可以一层一层把那个西装的壳慢慢撕下了。我知道那个内在的小孩长大了,我找到了那个小朋友,听懂了他的话。

接下来的几篇文章记录的是来自不同时期,借助不同的工具和课程使我产生的体会。还是那句话,这并不是一个课程推荐,只是一次体验分享。

  我无法预判你的人生目前处在什么阶段,此时此刻是什么情绪卡住了你,但我希望你读到了这些体会,也能疗愈自己。

2　我到底在害怕什么

恐惧是很多情绪的源头,我们因为恐惧,会生出焦虑、愤怒、担忧或者伤心。

它就像一根又一根的绳索,开始时我们被缠绕,时间久了反而还会依赖它。但那种被绳索吊在空中的感觉,即便绳子再多,也依旧会担心自己掉下来。

因为你不敢设想,如果真的掉下来会怎么样。

我在以前的书里分享过自己最开始来这家公司的时候,负责过一次别墅定制说明会的活动。当时邀请的都是身价上亿的客户,全公司的高管都很紧张,怕有闪失。大家在会上一个劲儿地追问我,你有没有做好准备,发生了意外你是不是有解决方案,最后甚至问出如果停电或者礼仪小姐摔了酒杯这种问题。

好在董事长一句话帮我解了围。她说:"各位,你们干吗要一直问他呢?你们自己也在现场,如果发生了刚说的这种事,你们准备的方案是什么?我们不要把希望放在一个人身上,而是要一起去完成这件事。"

因为这句话,后来的很多年我都以报恩的心态在集团工作。

周五我把所有的活动对接都做完，晚上便给直属领导和供应商群发了短信：我一会儿进山，也许会没有信号，周日见。

然后我就关机了。我去了京郊的一处禅修的地方，也没想过要干什么，只是刚好看到有一个禅修活动，就报名了。

我觉得压力太大了，只是想暂时让自己放空一下。

我一直都在吓唬自己，如果这件事有任何闪失，我一定是那个替罪羊。

我脑补了非常多的画面，都是现场搞砸了，我被大骂，然后被开除。

那是我第一份通过面试谈判拿到的高薪工作，也是我第一次拿到一个经理职位。我无法想象，如果丢了这份工作，还会不会有机会拿到这样的薪水。

我怕极了。

听了一下午的课，我一直都觉得内心放不下。直到晚上有了提问环节，我鼓起勇气问了："我现在遇到一个非常大的困难，我一直担心如果失败了，我就会失去一切。"

禅修活动的师兄笑着问我："你一开始来北京的时候一个月多少钱？"

"2300。"

"如果现在你失去了这份工作，你觉得你还会回到2300一个月的样子吗？"

"应该不会，毕竟来北京也几年了……"

"那你还怕什么？既然不是失败就会被打回起点，那你怕什么？"

这句话就像一记重锤，敲碎了我所有想象的恐怖。那个晚上禅修的宿舍非常冷，但我却睡得很踏实。

许多年之后再回望，我依然觉得自己在这十年里的努力，背后的动力不是因为我想要，而是因为我害怕。

是的，那个恐惧还一直在。

上完第一节课之后，每个人的手机都被收走。我们会有一个独处的晚上，每个人拿到的练习作业都是：直面你的恐惧。

方法也很简单，结合老师白天讲课的内容，列出你最担心的事情，然后一项一项去面对，至少让自己在那个恐惧的感觉里待20分钟，和身体做链接。当你身处其中时，看看身体什么地方最紧张，不断地去观察此刻的自己有什么念头升起，自己的情绪是怎么样的，然后试着用呼吸和双手让它放松。

老师说，这个方法其实就是脱敏。把自己内心最不愿意面对的深层次的恐惧拿出来，然后看看这个恐惧带来的身体反应是什么，再配合呼吸和双手去抚平，最后借助时间的力量让大脑和身体去适应，最后完成超越。

我是一个很听话的学生，而且当我认定某人比较厉害，内心里认可他的时候，我就会在心里把对方放在一个很权威的位置，把自己放在一个相对比较低的位置，服从命令。没想到这个点也成为后续我上完课之后，主动打破的第一个恐惧。

我列了13项，其中包括了父母离世，身边所有爱我的人离世，还有自我的消亡，遭受意外不能说话，不能写作了我会怎么样？卧病在床不能说话，想了结又不能了结我会怎么样？

坦白说，第一次做这个练习的时候很痛苦，尤其是当我在想象的画面里要和母亲告别时，内心会堵得慌，一股巨大的悲伤、遗憾、痛苦，在挣扎着，找不到出口，我感觉心脏像是被人攥住，喉咙干哑，像是缺水的病人，眉心处灼烧般的疼痛。

眼泪不停流，我生平第一次体会到了泪水涌进鼻子的感觉。

然后我一次又一次地把意识按在那里，配合着呼吸，想象在绝望之处自己拥有了新的力量，我用手摸着自己的心口，慢慢地感觉它开始放松。抚平眉心，整整二十分钟，我没有睁眼，只是觉得全部意识陷入了黑暗。直到紧张感消失了，整个人无比疲倦。

我睁开眼的时候，像窒息的人开始大口呼吸。眼前的一切忽然显得特别明亮，全身犹如刚刚跑过步一样，每个毛孔都在打开，蒸发着体内的热气。

每做完一个主题，我就会划掉一个，简单放松，调整呼吸后，再进入下一个。

我记得前几个恐惧练习都非常难受，可能那些是我一直都不愿意去面对的。到了后面似乎就轻松一些，仿佛大脑和身体变得强了一些。其中有一个主题是：我特别害怕让人失望。

我在这个恐惧主题里看到了很多人的脸，他们对我说，你太让我失望了⋯⋯

像极了某个台词剪辑视频。每个人说出这句话的时候，我都能清晰地知道她是因为什么而说，我会瞬间和所有那些我认为让她失望的片刻去链接，我看到小小的自己身中数箭，被扎成刺猬了，嘴里还在不停地道歉……

突然我哭了，不是那种对不起别人的哭，而是忽然我觉得自己好惨啊！

我怎么把自己活得那么辛苦，我在干什么？

我让你失望什么了？那些所谓的标准是你的，还是我的？

如果是你定的标准，你要求一百分，我做了八十分，你要感谢我才对啊，因为我做到了八十分啊！不论我是为你做的，还是我为自己做的，我已经倾尽全力了呀！

所以我让你失望什么了？

让你失望我没有把自己改造成你希望的样子？

可那不是我想要的样子啊！

我在这一句一句扎心的箭雨里，没有看到爱，只是看到了要求。

我看到的那一声一声你太让我失望的背后，看到的都是苛责和绑架，我不是你补全梦想和遗憾的工具，我只是我自己呀！

我不欠你什么，我做了我能做的，我尽力了。

这句话出来之后，那些面孔忽然就消失了……

那天中午吃饭的时候拿到了手机，我看到了大半夜发来的一大堆的质问和指责，如果换作以前，面对这么一个权威性的人物，

第4章　专注做自己

我的第一反应一定是我错了，要赶紧道歉。

接着就是一种愤怒和委屈，凭什么说我啊！我明明是做了事的，为什么我的努力你看不见，而是永远在给我扣帽子提要求呢？

我透过文字看到的是一种对失控的担忧，我感受到一种激烈的情绪。对方希望我重视，希望我感同身受，最好希望我像她的分身一样格外重视这件事。

她在避重就轻地转移压力，把自己该承担的责任转嫁给我，让我去看到自己还没做到的，承认自己还有这样或者那样的不足，让我道歉，认错，反思。

当我看到了这些，感受到了她的需求、情绪，以及背后的意图之后，我突然就没有了任何情绪，没有愤怒和委屈。于是我回了一句："我不是你的工作人员，我做了我能做的，你也要承担你应该承担的，我不欠你什么。"

那一刻我没有担忧，也没有恐惧，甚至都不担心对方看完之后暴怒地打电话过来。我连最可怕、最不愿意面对的情况都体验过了，现在的我没什么怕的了。

这件事已经过去了，我心里不再存着恐惧和委屈，加上当我看到了对方也一样有一个可怜的灵魂时，我觉得可以原谅所有，也可以放下所有。

不是赦免，也没有握手言和，只是我了解，也懂了你的不容易，那彼此就退回到最初的起点状态好了。

我一直把恐惧的情绪当作一切的根源，这只是我自我学习的理解，不代表正确答案。可能你会关心现在的我是不是还会有恐惧，虽然我还是不能阻止恐惧出现，但当它出现的时候我很清楚地知道，它来了。

每一种情绪都是一根锁链，可能对我来说恐惧的那根是最粗的。我解开了这根锁链之后，我站在了地面上，不再悬空了。接下来我要开始说一说，我是如何解开别的锁链的。

3　愤怒背后的那个人

没想到，我的愤怒居然和狗狗有关。

我是一个很容易被吓到的人，尤其是在特别专注和投入的时候。我家的狗又特别敏感，但凡门口有动静，它都汪汪乱叫。

有次我在厨房做饭，刚夹起一块排骨，想尝尝熟了没有，结果一声狗叫，吓得我手一抖，排骨掉地上了。

平时我都在客厅写文章，狗狗就很喜欢窝在我脚下。

一旦门外有人经过，或者是快递小哥敲门，它就会突然发出一连串尖锐、刺耳的叫声。那感觉就像你低头走在一个结冰的路上，正在努力保持平衡的时候，一个熊孩子突然朝你丢了一个小鞭儿，啪的一声，在你脚下炸开！

很多时候我的第一反应都是被吓得一激灵，紧接着就是升起愤怒，大声训斥它。

偏偏这时候它根本不听口令，反而和你对着干，你喊一声，它叫得更欢。

我家的狗狗又因为生的小宝宝没人要，我就把它们一起养大了，这时候，它的两个女儿也跟着一起叫，请想象一个人对抗三只狗的无力感。

失控感带来的羞愧，会叠加到愤怒上，从而让我怒不可遏。最后我只能拿出武力，跑过去用蛮力压制它，或者拿东西去敲一下它的头，它终于不叫了，哀怨的目光开始看向我……

瞬间，我又被惭愧、内疚占据了满心。

心底一个声音在质问我："你至于么？你一个大活人，干吗和一个狗狗过不去？"

这场战斗，看起来我赢了，但其实是输了。

为了平复内心的愧疚感，我连忙拿点小零食塞给它，于是它又欢脱起来了。

动物的内心比人简单多了。

这种情绪的过山车，我只要在家里一天，可能要体验很多次。我不是没找过方法，比如之前为了让自己可以不被打扰，总是离开家去外面的咖啡馆，或者找一个自习室去写作。

有段时间小区封控，我就把自己关在书房里。

可它好像和我作对一样，客厅那么大，它专门趴在我的书房门口，仿佛是竖起耳朵听动静，一有点响动，就发出短促且高亢的叫声。有好几次，当我气急败坏地打开书房的门，还能看到它边叫边回头看我，还试探性地放慢脚步，扭着脸看我会不会追过来。

那个瞬间我真的是要被气爆。

我为什么不喜欢如此愤怒的自己？

或许是因为，愤怒之后我只能"收获"极大的自责和疲惫感。

看书或者写作的时候，我希望自己是全然投入的状态，而一声清脆的叫声多少对我都是打扰，让我从一个心流的状态里抽身出来，再回去的话是需要一个时间段的。

如果带着愤怒，会需要更久的时间。

为此，我带着这个议题，前后找过三个教练帮我分析如何能走出来。

我在第一个教练那里听到了不理解和评价。

对方也觉得，既然你改变不了狗，你只能改变你自己，那你干吗还要和狗狗斗气呢？

对方问我，你如何去做出这个改变？

我没办法发生改变。

第二个教练有了更多的包容和拥抱，让我看到原来每次被吓到，我也有自己累积的委屈。那是一种被打扰的抱怨，而我似乎没有觉察到这个抱怨，反而还在自我评价。

我的解决方法更像是逃避，而逃避会带来更多的委屈。

第三个教练对我有了更多的耐心和好奇，她依旧愿意倾听我，等待我。

我说着自己的委屈，说着说着，忽然想起上周在直播的时候，忽然来了一个快递小哥，我和小哥的对话因为狗狗持续的尖叫被打断。

那一刻我顾不得狗，手忙脚乱地送走小哥后赶紧回来坐在直播镜头前,那一刻我忽然看到了一个不一样的自己。

教练问我,那是一个怎样的自己?

我说,那时候的我就好像一个穿着西服三件套的爸爸,在和一个客户谈合作。他在表现自己的专业,忽然他刚学会爬的孩子爬到了他脚下,用沾满了便便的手抓在他的西裤上,那一刻他觉得羞愤,甚至有了一种厌恶感。

我在对话里看到了自己平时不是这样,我看到自己脱下西装,换上脏兮兮的居家裤和领子变形的老头衫,我是可以和孩子玩得很好的。

可是为什么当我穿上西服之后,我就没办法放松自己了呢?

因为那代表了我理想中的我。

我发现原来一直困扰我的是,我希望自己可以呈现出专业感,而一个手掌上沾满了屎的孩子,用这一抓,就轻松地打破了我的表象。

我发现原来我的暴怒和嫌弃里,还有着对当下那个无能为力自己的嫌弃。

哇!你怎么这么笨,连一个孩子都搞不定?

你为什么不能提前安排好?不然他怎么出现在了这里?

我把所有的情绪爆发出来,背后其实是深深的恐惧。我怕西裤脏了,被人看到了会误以为我不专业,我怕吼出了自己的愤怒,就会被人看到原来我也有无能为力的一面。

我在对话里问自己:目前最大的底线是什么?

我还是不能穿着 T 恤和大短裤去面对客户，我最少还是只能穿着西裤和衬衫坐在客户对面，那是我对自我的态度。

我同时也看到了自己的渴望，我渴望那个穿着衬衫西裤的自己，在孩子忽然爬过来的时候，可以笑着和客户说：看来我家的小伙子要给我们送一个有味道的礼物，给我两分钟，我来签收一下这个礼物。

想到了这儿，我忽然觉得自己打开了，仿佛找到了一个出口。

其实没什么好抱歉的，这是上天给你的一份礼物。

我看到画面里的自己，恐惧少了很多，没有愤怒和责怪，如果这是我需要收到的生命礼物，我会很开心它的到来。

聊到这儿，相信你也发现，我并没有一个完整的解决情绪的方法。

但看到情绪本身，就是疗愈的开始。

如今我已经很少再因为狗狗喊叫而觉得怒火中烧了，我把这个过程分享给你，是希望你也可以感受到，情绪被看见之后，是可以生出力量的。

很多时候成年人的崩溃是瞬间的，破防是瞬间的，那背后肯定有一层又一层的累积，肯定有如深潭一样的暗流。

也许我们在体验很多次的过程里，都一直误会了它们，忽视了它们，甚至无法识别它们。

你的情绪需要被看见，然后才有可能被疗愈。

那要如何看见自己的情绪呢？我分享一个我自己练习的方

法，如果你对觉察自己的情绪感兴趣，可以关注公众号"小川叔"后，回复"情绪500"。

这是心理学流派定义的 500 种情绪词，我会带着你在里面去寻找你内在的核心情绪。

别担心自己会被 500 个词吓到，因为在我过去的实践里，很多人会借助这个情绪词语找到自己的内在驱动力，如果你愿意实验一下，方法也很简单：

你可以在纸上画一条竖线，左边的区域是你的消极情绪，右边区域是你的积极情绪，把线条从下向上，以 7 年为一个断点分段。

第一个点就是从 0—7 岁，你可以回想一件让你印象深刻、极不舒服的事，然后从情绪词语表里找出最能代表那时候感受的 3 个词语。

我来举个例子，比如我 35 岁到 42 岁这七年里，遭遇过一次网络暴力。有几个大 V 引导网友疯狂地给我所有的书在豆瓣打 1 星，那时候的我很是难过，在这个词语表里，我觉得痛苦、愤慨和受惊最能代表当时的感受。

以此类推，每 7 年，把自己的三个消极词语和三个积极词语都写出来，这里面一定会有重复率很高的词，这是正常的，不用担心。

如果你的年纪不是 7 的倍数也没关系，最后一项就直接到你现在的年纪就可以了。

在这里面找到重复出现的词语，如果不足三个，就去找此刻对你来说最能代表你感受的词语，把它们抄写左右区域最上方。

全部都写完之后，你先看向你的左侧，这三个消极词语里，你问自己：在过去生命历程里，那些最消极的时刻是这里面的哪个词在困扰你？并圈出那个词。

再以同样的方式，看向右侧的三个词，问自己，在我人生里最有动力的时刻，是因为我体验到了这三个积极词语的哪一个词？也同样圈出那个词。

你感受一下这两个词之间是否有某些联系，想不到也没关系，然后在这两个词里问自己，我这一生当中更想体会的，让我更有动力是哪一个？

如果你发现并不是选出的这个词，而是刚刚三个词里的某一个，或者是之前写过词的某一个，你也可以坚定地相信自己，然后就可以恭喜自己找到了自己的核心情绪。

核心情绪其实是我们做选择或者做事的时候最理想的状态。你和这样的状态多接近，阻力就会变少，你的个人效能就会增加，就如同我现在在打字的时候一样。

我自己的核心情绪是"自在"，我的核心价值观是：我自在地做好奇的决定。

核心情绪、核心价值观、生命意图，这三样会构成我们的人生信条，会决定我们将拥有一个怎样的人生。

4　在北京，我挺焦虑的

有一段时间了，我觉得我患上了焦虑症。

差不多是在去年 5 月中旬开始的，具体表现形式就是：乏力、做事情提不起兴趣，整个人觉得很慌。

辞职的一整年里，我似乎很少这样过。

其实，我预测过自己的这种平和的状态会到达一个临界点，我称之为失衡。

离开工作的这段日子，我最终还是需要去思考一个问题：未来的几年，我是否还需要回归到工作场景下？工作对我来说的意义是什么？

都说 40 岁之后要开始思考人生的下半场，是快是慢？是忙是闲？当决定权交给我的时候，说实话我有点慌，就像回到了 30 岁那年，在做了很多职业和领域之后，我依旧得做出一个选择。你到底要选择做什么？

选择，就意味着放弃一些，我只是不确定放弃这些，是不是对的。

我找了很多的书来读，却依旧没找到答案。人生的这场考试，总会有响铃的时刻,所以即将交卷时,我开始慌了。

北京,我其实从来没把北京当作人生的终点站,但如果你问我:"那你打算什么时候离开?"我会一脸茫然,毫无准备。

其实我内心一直都在纠结要不要做一个创业者,但我讨厌被固定,也讨厌失败。

可命运有时候很有趣,当猎头告诉我:对不起哦,这个职位甲方说只招39岁以内的人。我很吃惊。

年纪和经验或许会有一个临界点,似乎一旦超过了,它们就不再是增值项。

选择的主动权,可能过去在你手里,一个不留神,或许就由不得你了。

行动,其实是最容易走出情绪的方法。但不知道为什么,从5月下旬开始,好像任何事情都无法推进。

不知道有多少人和我一样?

我们总是看上去很苦恼,可其实真的细究,你会发现,你对自己的苦恼,毫无准备。

那你到底在苦恼什么?似乎只是陷入了一种苦恼的情绪。

选择把这些情绪写出来,也是试图找到一种疗愈的方式。

上面是我2020年6月写的一篇随笔,那时候的我陷在情绪里无法自拔。

焦虑的来源是恐惧。因为恐惧带来的身体紧张,让我们的头脑和身体失联,大脑会认为你遭遇了危险,所以自动开启去干预你的想法。而现代人因为常常漠视自己的心理感受，进而失去了身体的感受。

我们的大脑是非常有能力的，但它只是我们组成生命的一部分，不是全部。它只能从它的角度去提供解决方案，可能病人是头痛，它只会治疗脚，所以即便在脚上用了猛药，对头的治疗效果也是微乎其微的。

大脑的优点很明显，缺点也一样明显。

就是它需要一直思考，所以如果把重点放在过去，你就会看到自己被亏欠的一面，会感受到缺少能量、自卑甚至愤怒。因为过去无法重来，所以很多人会纠结于过去，一直活在过去的经历当中，甚至一些人会把今天的不如意全部归结为原生家庭的影响。

如果大脑去想未来，那焦虑就诞生了。

大脑希望一切是可控的、尽在掌握的，但未来是不能被大脑定义的，所以大脑会像一个无休止的计算机一样，一直在提出焦虑，再尝试去解决焦虑，最后直到被烧得通红都停不下来。

在很多次的学习中，对我最有用的可能是离开手机的那个夜晚。

我第一次体会到自己是和自己在一起，没有手机，没有电视，然后让自己尽情地去感受。

现代人的内心是需要被激活的。我曾经给很多职场上升期的人做教练对话的时候，他们往往无法形容出自己的感受。一方面总是让大脑去计算和工作，觉得感受不重要，另一方面也可能是内心里有很多自我评价说不出口。

随着我们越来越长大，我们可以说感受的场合就越少。

我们在职场里花的时间越多，就越容易被影响成结果思维。没结果的话少说，没逻辑的话少说，往往最后很多话都变得不能说了。

如果你暂时无法找到一个很好的方法，那就试着写出来，可以在文本里写出自己的脆弱。这不是自怜，是自我关照。

未来的未知性，大脑会觉得恐惧，心会觉得好奇，你的身体放松了就能感受到自然的美好。你的身体紧张了，再好的美景你也只会觉得恐怖。

焦虑，是一个害羞的孩子，她整天都不开心，畏首畏尾。遇见她不要嫌弃她，用你的心发出一个邀请，露出一个微笑，抱一抱她，当她觉得安全了，就会睡着了。

为自己每天空出一点时间，哪怕只有半小时，做运动也好，听白噪音也好，让自己和自己待一会。想哭就哭出来，想骂就骂几句，让头脑休息一下，不要总那么强，让心和身体被激活一下。毕竟人生的路，只靠一个头脑，是撑不了多远的，需要我们的身心脑互相配合才能一起走下去。

5　十分钟正念体验

既然提到了治疗焦虑的方法是回到当下,可以通过冥想或者正念的方式来让身心链接起来,那我就分享一个我的正念体验吧!

我最初体验过的正念,很多时候都是在培训课的下午,老师怕大家吃完午饭后犯困,所以会带领大家做正念练习。

我能记得的大概就是,深呼吸,绵长的呼吸,吸气的时候知道你在吸气,呼气的时候感受到你在呼气,把意识放在人中处……当你发现自己有杂念产生,没关系,这很正常,让我们温柔而坚定地回到当下就可以了。

一般是做了 10 分钟不到,却犹如睡过了一个午觉一样,再睁开眼的时候,会觉得耳清目明。

如果小伙伴想体验这种,网上会有很多音频引导教程,我以前失眠的时候还会找那种助眠的呼吸引导练习去听。

这些都是我一开始对正念最粗浅的了解。

后来我在一个平台买了 25 天的正念练习,可以请假 4 次,实际是 21 天,每天差不多十分钟,然后还有正念书写。

第 4 章 专注做自己

前 7 天都很有趣，后面有好几次都是内容重复的，我就兴味索然了，但对正念又多了一点了解。

原来正念不只可以坐着，还可以走路，做正念行走，还可以站着做身体部位的感知，感受肩膀，感受大腿等等。

虽然完成了 21 天，但奖学金没拿到。因为有几次还是忘了，事后去补的不能算全勤。

21 天下来最大的感受是，不应该过度迷恋形式，也许有时候一个单一的形式，只是让自己有一个放松和可以内观自己的空间。

可能聊到这儿有人会问，总听人说正念，也有人说冥想，两者是不是一回事？

我个人的理解是这样的：正念是体验当下，它的重点是不执着于出现的任何杂念，不评判自己，你可以通过锚定呼吸的方式随时回到当下。

而冥想是需要借助想象力，去体验感受。比如想象一束光，或者想象你站在悬崖边上，通过想象力去链接身体的感受，从而改变自己原本的意识状态。所有的冥想可能都需要专注力，而正念就是最好的培养专注力的方式。

以上这些都只是我个人的理解。

前段时间我又体验了一种不同的正念方式，觉得自己眼界大开。它叫作早安教练，是在早上用教练结合正念的方式，每周一个主题，一个主题连续五天，基本上算是一周的练习。一共有七个主题，解决其中内在的关系，有自己和金钱的，亲情的，内在小孩的，以及爱情的，等等。

方式也很简单，就是用在线会议进行的。

每次只有半小时，但内容和形式却非常丰富，开始是一个正念呼吸和身体链接，然后就是一首歌的正念书写，完全是自由书写的方式，最后是一问一答。

我原本以为作为一个写作者，我应该很能写，可当你不知道写什么的时候还强拿起笔，你会发现自己无话可写。

给你看我第一天写的：

表达，爱，我是谁？为什么我的爱总是充满指责……

爱是等来的吗？音乐断断续续地，我似乎拥有却身无一物，这音乐不错，但好像还是，断断续续的……

是的，我感觉自己像是一个小学生完全不会写作的样子！而且不知道为什么写出来的全是单句，一个单句一个单句地蹦，之间毫无关联。不顾语法，逻辑混乱，还夹杂了各种杂念。比如：这个音乐好听，但怎么很卡？

没想到五天之后，神奇的事情来了！给你看，这是最后一天我的书写：

爱情是烟花，是绚烂，是平凡，是生命里的启明星，因为有爱情所以人生有色彩，我依靠爱滋养活着，以前我是爱情里的乞求者，求求别人爱上我，未来我是爱情里的永动机，照见自我。

因为我是我，所以才被爱且值得。

最后那句"因为我是我,所以才被爱且值得",我写出来的时候,感觉像是被闪电劈中一般。因为这周是关于爱情的主题,所以书写的内容都和爱有关。

最后一个环节是一问一答,这个是比较教练式的。

老师会给你四五个非常高维的问题,两两一组,大家互相提问,你不用修改,只需要按照字面去提问,对方则按照这个提问自由回答,时间到了互相交换角色。

有些问题在内心里自问自答,和有人关注你,对方提问你回答,那个感觉完全不一样。

这几乎是一个思考和内在整合的过程,通过提问创建觉察,这种觉察带给一天的能量,同时也会带到第二天的练习里,再一次下笔,就会比上一次流淌出更多。

参加完这几轮训练营之后,我整合了一个自己的小方法,一次十分钟,流程也很简单:

1. 在早晨找一个你觉得放松不被打扰的时刻,不靠背地坐下来,给自己定一个三分钟的提醒。

2. 闭上眼,深吸一口气,体会一下自己的苏醒,再呼一口气,吐出所有此刻的负面情绪。

3. 尝试两手交叉伸向天花板的方向,就像伸一个大大的懒腰一样,感受你此刻身体的拉伸。

4. 如果你发现此刻身体有紧张感,深呼吸,想象你可以把呼吸送到那个紧张的地方,再缓慢而均匀地吐气,想象着通过呼气带走那份紧张。

5. 持续闭上眼，保持呼吸节奏，直到提示音响起。

6. 在手机或者电脑上给自己找一段 3—5 分钟的音乐，最好是舒缓的，准备一张白纸，开始接下来的书写。

7. 你可以对自己提出一个问题，也可以跟随自己的身体，就让笔带着自己的手，跟着音乐体会一种自然的律动。

8. 音乐结束后，不论写到什么地方，都停止书写。

9. 利用剩余的时间读一下自己今天的书写内容，感受一下此刻自己的内心在说什么，如果它是喜悦的，就给它祝福，如果它是难过的，就给它拥抱，如果它是平静的，就跟着它一起感受这份平静。

10. 说出一句：谢谢你，让我们一起开启这美好的一天。

如果你讨厌闹铃声，你也可以自己录制成一个语音提示当作提示音。

如果你一直觉得慢下来很重要，但又总是觉得没时间，那不妨抽出一个十分钟，每天清晨试着和自己链接一下，也许就会收获元气满满的一天。

6　一场神奇的教练式对话

可能你看我总在文章里提到教练式对话,那到底什么是教练式对话呢?

简单地说,教练式对话,就是运用对话的方式,让客户有觉察、有发现,并挖掘出自己内在的潜能。

这个技术真的有这么神奇?

我想把我的经历拿来和你分享一下,可能你就能感受到教练式对话是什么了。

后面我还会分享同样一个主题,使用的是心理催眠的方式,那又是怎么样的一种体验。

这次教练的主题其实很简单,就是我买了各种各样的外语课,很多都要过期了,却迟迟没有去学。

好像在别的事情上我都能够做一个开始,也相信持续去做就会有效果,但偏偏在学外语这件事上,它似乎怎么样都启动不了。我觉得自己有选择性拖延症,只针对某一个种类去拖延。

我们的对话就是从我是不是有拖延症来展开的。

我的教练叫作素芳,她很温柔,很耐心地听我说,然后提问。

以下的对话并不是教练原话,是我凭借记忆写下的。

"为什么想要学好外语?"

"因为我觉得外语是我的短板,我必须补上这个短板。"

"那这个必须补上背后,你在怕什么?"

"我怕我之后会接到一些外企的客户,说不好外语那不是很尴尬吗?"

"你觉得尴尬在哪里?"

"我可能听不懂外宾在说什么,而外宾也听不懂我在说什么,我觉得会辜负引荐我的人。"

"这个引荐你的人和你的尴尬是什么关系呢?"

"这个人如果是我的好朋友,那我可能就会直接拒绝掉。我会说我的外语很差,我怕辜负你的嘱托,但如果这个人是我的老师,我可能就不敢拒绝,我怕她会觉得我不争气,我可能会硬扛一下,让自己试试,但其实我还是害怕的。"

"那我们再回到学外语这件事上,你刚刚说这是你的短板,你要补上,补上了之后你会怎么样?"

"补上了,我大概会更有自信,觉得更不容易辜负别人。"

……

你看,其实教练对话的本质并不是在事的层面,所以很少有教练会问,你以前是怎么学的?你给外语留了多少时间?

教练的本质是相信,相信客户有能力去解决问题,那为什么有能力解决还偏偏来做教练对话呢?

因为他们被自我的模式限制了。

这个自我模式可能是恐惧，觉得自己不够好，可能是有内在需求没有得到满足。所以教练对话往往都是关乎客户最恐惧的和最理想的内容，在这样关于人的层面去工作，去一点一点和客户一起发现浮土之下埋藏的自我模式的骨架。

当客户能看到，原来这是自己思想本来的样子，那基本上就已经解决了 70% 的问题了。

素芳教练既不像个长者，在告诫我什么，也不像一个外人在刺探我什么，更多的时候有点像另一个我自己，用提问让我不断有新的发现。

也许会有人觉得我积极努力、阳光向上，如果你这么觉得，说明你看到了我努力的一面，但那也仅仅是我在努力维持的样子。这些正能量的背后，我也会有倦怠懒惰、放任自我的时候，甚至想着最好是什么也不干，钱就能天上掉下来。

在那些积极努力的时刻，我觉得这些倦怠都不应该出现，我会把"我累了"等同于"你不想努力了"。

我对"努力"这件事的沉迷，让我觉得慢下来、停下来，会有很强的负罪感，也同时会有停下来就意味着倒退的恐惧。

如果一个人努力奔跑，不是因为前方有光明，而是因为背后有黑暗，他担心被黑暗吞噬，慢下来、停下来，就意味着丧命。

恐惧，或许是很多人努力的源动力。

恐惧，会让我们怀疑自己，也会让我们不敢停下来。

学外语这件事，仿佛是我心上的一个孔洞，它在别人看不见的背后，只有我自己知道。

当素芳教练问我，聊到这你的发现是什么，我说，我突然看到了一幅画面，我的心上糊满了包装纸，上面有的写着自信，有的写着积极，这些都是我在追求的，也是我缺少的。

我努力地把这些都贴上心上，假装我就是那样，可其实我知道我不是，我还没做到，我觉得我还不够努力，我还配不上这些词……

就在我说这些让自己越来越负向的词的时候，素芳教练忽然在屏幕前对我说：

"不！你很努力，你也很正向，你只是累了，只是需要歇一会再走而已，你只是想走得更远，没有不努力，没有不积极，没有配不上。"

坦白说，那一刻我有点被吓了一下。

一方面是因为她的气场忽然变强了，似乎和过去温柔的样子判若两人；另一方面因为我自己也学教练，所以我知道很少有教练会不用提问，而用这种陈述的方式来表达。所以在她说第一句话的时候我愣住了，紧接着她说后面的几句，我才意识到，原来她是在扮演我的心，她在代替我的心冲我反驳。

这一系列的反驳，忽然让我觉得内心被撞了一下。

是啊，我为什么不能接受，我也是一个血肉之躯，我也需要一个恢复期。

第 4 章 专注做自己

我仿佛看到那个理想的自己,就像一个穿着铠甲的勇士,冲在前面,而我自己的心却在他身后跟不上他,离他越来越远。

在那个铠甲里面,塞着一团一团的包装纸,它们都只是我赢得的品质,却并不是真实的动力。

聊到这里,我忽然发现,我之所以奔跑,是因为身边的人也都在跑,前面的人也在跑。我只是看到前面的人在跑,却没看到他们是如何休息的,是如何调整的。

我在用别人最好的状态来要求自己,仿佛自己只要一直那样,就可以成为他们。我对自己原来这么苛责。

这让我想起小时候考试,得了一百分会被夸奖,得了九十八分就会挨打。

为什么你错了一道题?为什么别人没错?你是不是不努力?你是不是没用心?

在所有童年的记忆里,这种评价从父母的身上慢慢移植到了自己身上。

而目标一旦实现,就会陷入追求下一个目标的路程当中。

父母对我的奖励方式也是,做顿好吃的吧!我的内心也逐渐接受了这种奖励方式,以至于成年之后,我也是用这样的方式来满足自己。

拿下一个项目,那就买套衣服吧!

可其实我心里想要的不是这个。

我想要的是一句肯定,是一句"你辛苦了"。

原来我过得这么辛苦啊。

而这句"你辛苦了",我从不曾告诉父母、亲人。

我觉得说出去太矫情,觉得他们应该懂我,所以一直都在期待,你们这么爱我、懂我,所以你应该可以看到我的需要。

我也怕,如果我和所有的亲人说,我要你们说这句话,但他们偏偏不说,他们觉得没必要说。那个时候,我可能会更觉得悲哀。

我也从没有对自己说过,我觉得这么一大把年纪,说这个话还挺矫情。

"那试着和自己说一句这样的话会如何?"素芳教练问我。

我忽然觉得眼角泛泪,然后用笑压了下去,是啊!说了会怎么样呢?我忽然陷入了沉默,在头脑里试着对自己说:

"你辛苦了!"

"你做得已经很棒了!"

"你真了不起!"

"这一路走来很辛苦吧!谢谢你。"

……

这段巨长的沉默,仿佛给了我一段和自己对话的时间。

我看到曾经那个在人群里缺乏存在感的自己,他一面庆幸没人看到自己,一面又羡慕那些侃侃而谈、在人群里发光的人,幻想着什么时候我也可以成为那样的人。

于是我开始训练自己,开始试着打破尴尬,开始变成一个话痨,开始变成能言善道的交际家,于是有人夸我,有人觉得我好棒。

可我的内心都听不到这些称赞，仿佛有个声音对我说："你只是在模仿别人，这不是你！只要你不努力，你还会回到原来的那个样子。"

所以我不断训练自己，证明自己，仿佛随身携带着一个小舞台，只要有人点我一下，我就能立刻变身去表演，收获掌声，然后觉得达成目标了，之后下一次还要去验证。

我很想回到过去那个样子，但我又不甘愿做回过去的那个样子。

我真矛盾呀！

学外语也好，开口讲话也好，成为中心也好，似乎都是在满足别人的需要，但我干吗要成为别人？

我心里期待的那个别人，他不是一个人呀，他是很多优秀的人光彩那一面的总和。

我选择性只看到别人的光彩，却看不见别人的黑暗面，何况那些人也不一定会给我看到。

所以我会把很多人的光彩不断叠加集合在一起，成为我的追求目标。

我活得好累呀！

在这个追逐的过程里，我千变万化，却独独不喜欢自己，因为自己平庸、不完美。

我看不见自己的闪光，只看得见远方的灯火。

我不相信自己能发光，只以为那是别人光芒的反射。

我总是一次又一次去证明我可以，却没意识到这证明背后的理由是忧心忡忡。

我总是把滋养交给亲人，却忘记水壶一直在自己手里。

我想用物质堵住自己的哭闹，让他安静，却忘了，他想要的其实不是这些衣服和包，而只是想停下来喘口气。

是的，停下来，对他说，你很棒！真开心你做到了。

你不用去证明了，因为你已经在发光了。你证明了那么多次，已经足够了。

你就像一个小小的星球，在过去，你像个流星扑面而来，燃烧着长尾，闪着光芒。

你不一定非要划破天际，安静在那里，相信你也在发着光。

你没有很快，也没有很慢。

黑夜没有很黑，你身边还有很多的伙伴。

"那聊到这儿，之后你会做点什么呢？"素芳教练问我。

我说我想扔掉我的小舞台，即便有人介绍我的时候说，这是我们班的大明星，这是我们俱乐部的大咖，我也要学着坦然微笑说，是的，他们说的是我，但我今天没把明星这个标签带在身上，我就是来参加活动的，是个听众。

我想打开耳朵，听听那些和爱有关的话。

我在自己心里围了一个缺口，过去那个缺口里只有一种声音可以放行，就是爱我的人说你辛苦了，我才可以听到。

而我却忽略了也许每个人都会有自己的表达，它也许是"儿子你真棒",也许是"老公我爱你"。

或许我一辈子都只是一个只会说三句外语的人,直到我是一个老人,但那又怎样?

难道我不会外语,我就没有了全部的价值了吗?

"聊到这儿,你现在对自己的发现是什么?"

我说我觉得可能那些糊在我心上的包装纸,或许并不准确。

它们或许就是因为我内心的渴望召唤而来,通过锻炼一步一步充盈起来的,它们是我的一部分,但我似乎不好意思承认,因为那些是我从别人那学来的。

它们或许就是我新长出来的肌肉,我一直在使用它们,也在一直怀疑它们,好像也在一直期待它们可以更强大,可它们的成长速度,和我内心成长的速度是一致的。

如果过度去催化它们,却不锻炼内心,那么在内心和肌肉之间就会产生空隙,而这个空隙就是自我怀疑。

我现在看到了这个缝隙,我知道,我要做的不是再去锻炼肌肉,而是加强内心。

当我看到了这一点,我忽然感觉自己拥抱了自己。

一个小时多一点的时间,我仿佛做了一次星际旅行。我一次又一次地穿越光明和黑暗,一次又一次地陷入痛苦,又逃离痛苦,最后是素芳教练的力量,让我可以去面对痛苦。直到最后,我自己获得了力量。

如今再看这场教练对话,依旧觉得很感动。感动于素芳教练给出的精彩反馈和巨大的支持感。

　　其实教练的职责从来都不是带领，就像我们看足球比赛，教练即便再着急，也不可能下场去帮助球员踢球。但教练也不是一个冷眼旁观者，一个好的教练不可能是一个独裁者，所以你不会听到教练说："不要乱跑，你到那边去！"教练越控制，可能球员发挥得越差。不论什么教练，看见和相信都一定是教练最好的武器。相信你是最棒的，相信你可以，看见了你所有的付出，并且反馈给你。

　　教练不为结果过度担责，因为结果不可控。教练只关注不同情形下你的反应，并且如实地反馈给你，相信你，支持你，也等着你，这就是教练的工作。

7　用催眠的方式治愈不够好的自己

和素芳教练做了那场教练对话之后，大概过了快两年，我都没有再焦虑过。直到某天 APP 提醒我，我之前购买的一份价值五千多的外语课即将在几天后过期，过期之后不能重听。

而那门课我只听了前两节，后面有 50 多节，似乎一夜之间我就损失了五千多。我突然感受到无比焦虑、不安、自责，甚至开始自我埋怨。

于是想求助，这次我想换成催眠的方式，看看是否可以用新的形式去疗愈内在的情绪。

催眠是什么？

我之前可能和你一样，都觉得是不是像影视剧里那种完全睡过去，自己也不知道自己说了什么做了什么，会不会我被催眠之后，就无意识地说出自己的银行密码？哈哈……

我一面是带着好奇，一面是被推文里的那句"催眠可以帮助你做转化"所吸引。

我期待的催眠可能是自己那种半梦半醒的感觉，我知道我在说什么，但我又仿佛不在这里的当下，就像做了一个正能量的梦。

听说是线上的，我略微有一点失望，但也莫名放心了一下，不用担心自己去了一个陌生的地方，然后被催眠，醒来之后发现已经被拐卖。噗……

前期小助理会让你填两个表，一个是你的主题，另一个是类似测评和同意书之类的，可能是需要确定你的精神状况，有没有服用药物之类的。

一开场大家多少有点尴尬，但好在我自来熟，就把自己在外语学习这方面的心路历程都说了遍，包括我认为我之所以对外语有阴影是因为我遇到过两任"不合格的老师"。

我的不合格打了引号，是因为后来我发现，把错误归结为老师，会更容易让自己心安理得。

我小学六年级的时候转学去了油田子弟小学，一个农村孩子去油田学校上学，那个感觉就很像农村孩子去城里的学校读书。

可能按照影视剧的叙述逻辑，这个农村孩子应该是成绩优异，备受羡慕的，但其实并不是。

他资质平平，可能有点小聪明。这点小聪明在原本的农村同学里，或许可以让他的成绩通过对比看起来比较突出一点点，但比起那些早期就接受过良好教育的同学们来说，他显得非常一般。

没有天赋异禀，没有特别好的成绩。之所以会转学，只是因为他的妈妈很担心他去大队读六年级，需要骑一个小时的自行车。妈妈担心他出事，也担心农村的教育水平把孩子耽误了。但妈妈也没想过，孩子会不会适应？能不能跟得上？会不会遇到歧视？

这些都是当时的妈妈无暇顾及的。

这个资质平平的小孩子就是我，入学成绩就很一般，老妈交了很多的赞助费，硬是把我塞到了油田学校。混了一年，升入了初中。

第一次接触外语，老师张口就问，大家是不是五年级的时候都学过26个英文字母了？

全班只有我没学过，因为五年级的时候我还没来。老师当然不会因为一个孩子等进度，于是我们学得很快，开始了记单词，背单词，枯燥乏味的早自习听写。

初二开始来了一位新老师，居然开始全英文上课的教学模式。

我更是听不懂了，我似乎总觉得，自己起点已经慢了，后面就一定赶不上，因此后来就基本躺平。

印象最深的一次就是初二课堂，要求每个人用英文做演讲，抽到了我。我当时磕磕巴巴大概说了一下，我将来的梦想是做一个漫画家，而不是一个动画师，卡通和漫画有很大的区别。

然后老师不知道为什么就笑了一下，那一刻我的脸涨得通红，仿佛觉得老师是在嘲笑我。

我至今也没核实过，老师的那个笑，到底是嘲笑，欣慰，还是怎么样。

就在我以为咨询师可能要从这个故事场景帮我去做转换的时候，他出乎意料地没接这个茬，只是让我做了一个呼吸练习，然后问我，那现在你想学外语的原因是什么？

我现在想学外语,是把这件事当作类似还愿一样的东西,总觉得小时候没做好,长大了想补偿。而且我觉得这几年我加入演讲俱乐部之后,在中文演讲上有了很多的收获,我就忽然萌生出来,我很想做一个英文演讲的愿望。

我还想以后可以出国留学,去学插画,那也需要外语能力。

老师这时候引导我闭上眼,用呼吸的方式去观想,问我看到了什么。

我看到自己面前有很多扇门,似乎不知道要打开哪一扇。

头脑里有个声音对我说:你想要的那么多,但你是有限的。

老师问,那个对你说的人是谁?

我感受了一下,我觉得好像是那个在外语课上受嘲笑的自己。他很渺小,不自信,很无助。

他的存在像一个碍眼的伤疤,不断去引发我的负面想法,不断去让我产生怀疑。

你可以吗?你能行吗?不会失败吗?学了这么多你还是你自己吗?

我说我看到了一面湖,在入口处一面期待着外面的水流进来,一面又在怀疑,外面的水进来之后,我还是我自己吗?

老师问我,平时当你听到这些声音的时候你是怎么做的?

我想了想回答说,我讨厌听到这些丧气的话,我觉得他是负能量,所以我把这些屏蔽了,我把那个人关到了地下室。我不想让他影响我,我需要的是鼓励,是掌声,是自己告诉自己,我能行。

第 4 章 专注做自己

然后老师依旧让我闭着眼,用呼吸去感受。我感受到了一种痛苦、愧疚。

我说我感受到了一个画面,我似乎是带着孩子在杀敌,我知道这个孩子是我的一部分,但他太小,不但帮不了我什么忙,还是我的拖累。

我内心里的情绪很复杂,我一面很享受攻城略地的快感,一面又觉得这个累赘很讨厌。为什么你总是限制我啊!没有你拖后腿,我可能会打拼下来更多的城池。

为什么你总是说丧气的话啊!别人都在夸我能干,夸我勇敢,为什么你总是提醒我注意什么什么,我讨厌这种明明我们是亲人,却总是不相信我的感觉。

然后老师忽然开始用那个孩子的语气开始和我说话,说了好长的一大段,就像那个孩子真的哭着站在我面前一样。而且老师的话都非常有诗意,但我那时候无法完全记起全文,我只能记得当时自己的感受。

我听到了他言语里的委屈,我也听到了他的担心。我仿佛看到了自己有一颗想要拼命证明自己的心,和一副被目标拖累得不成样子的身体。

原来我刻意屏蔽的那个部分是我自己的感受。

原来我拼了命想要去证明的,不是给自己看,而是一直期待获得别人的肯定。

而我的身体就是那个报警器,它在提醒我,你太快了,我要超负荷了,我要休息,我要倒下了。

于是我听到了这句话:我是你的光,也是你的阴影。

一瞬间觉得心脏被击中,顿时就泪流满面。

脱离了身体去谈理想,就和脱离健康去谈愿望是一样的。

不顾当下的一切,只是寻找目标的快感,很容易陷入自以为是的无所不能。

把头脑里的提醒当作杂念,我不能正视这份提示,所以我才总是想把这个哭闹的孩子丢掉。

可我却忘了,我所有杀敌的目的,都是为了给他幸福。

我在一路杀杀杀的过程里,杀红了眼,忘了原本出发的目标。

我丢了自己心的另一半,陷入了对结果的疯狂里,却忘了为什么当初想要这个结果。

原来我最想放弃的,是我的软弱、恐惧和对身体的感受。

我以为变成全面正向,就是一个勇士,却忘了,如果一个人没了恐惧,就没了敬畏心,没了感受,也就变成了机器。

然后老师开始用孩子的语气呼唤我:

请别丢下我,我也想和你一起去看世界,我也想和你一起学外语,请别丢下我。

我突然又哭了,我发现原来我一直想要成为的那个所谓的优秀的自己,是一个切除了恐惧、脆弱、感受不到自己软弱的那个不完整的自己。

我一直希望的所谓成长,是以屏蔽内在感受为代价的。

第4章 专注做自己

原来我可以带着自己的脆弱一起出发,和感受在一起,一起去做改变。

于是我在画面里看到了彩虹,每一条颜色都有自己的美好,我觉得那就是我自己的成功。谁规定人生只有一种色彩才叫成功?如果我的人生是有很多色彩的,我是不是可以定义自己不同纬度的成功?那我干吗一定要用别人的标准去要求自己?

除了让自己受限之外,除了产生更多自我评价,和自我觉得的做不到之外,我收获不到什么。为什么我不能结合自己的擅长重新去定义成功的标准和方式?

比如,我那么喜欢演讲,可以先把英文的格言放在中文演讲里,去熟悉这个发音和使用场景,远比我去不停地背单词、练发音强啊!

老师引导到这里,我忽然觉得一身轻松,仿佛醍醐灌顶一般有了更多的智慧涌进来。

再回看当时困惑我的那个心湖,外面的水流进来,里面的水也在流出去,我在被世界经过,我也在经过世界。

世界影响着我,我也在影响着世界。

流动,孕育着生命。完整,赋予了意义。

可能你看到这里,会发现似乎有一些感受在前面出现过,在这里好像又重复出现了。

我自己也曾经犹豫要不要把这几篇当时写下来的原文,大刀阔斧地去做修改和合并,最后我觉得,还是保留原来的描述。

这些疗愈的过程,就是那些感受的源头。

如果说情绪需要一些出口和转化，那么更深层次的自己看原来的自己的态度，内在的拒绝和抵抗，可能需要一些专业人士的帮助。

看起来像是同一个主题，中间隔了两年，用了两种方法，如今再看却殊途同归。

教练对话和催眠引导，都是和人在做链接，两者产生的效果和方法无关，只和那时候我的自我状态有关。

我昨天分享过这样一件小事，以前我过马路，如果刚好看到我要坐的那辆公交车在我面前呼啸而过，我会本能地叹一口气，升起一个念头说，唉！又错过了。

在写作这段日子里，我能感受到自己内在的能量非常高。所以当第一天我错过了公交车，却意外地帮助了一位老奶奶，我觉得这或许就是让我错过的原因。

上天在创造一个机会，让我有了一个崭新的体验。

同样的事情出现在昨天。我在自习室写完今天的文章准备回家，等电梯的时候发现等了一会儿电梯都没来。我这次没有升起那声叹气，反而转念有了一个好奇在问，难道这次会遇到一个新的体验吗？

果不其然，这个想法刚出现没有两分钟，货梯里出现了一位运床垫的大哥。床垫很高，外面还包着木架子，他在通过安全门的时候，垫子外包装卡在门把手上。我想都没想就出声提醒了他，然后过去帮他把障碍解除了。

这两次体验我都收获了来自陌生人的那句谢谢。

可能你觉得这不过就是举手之劳的小事，但你知道我以前会怎么做吗？

我以前只会冷冷地看一眼，然后继续低头玩手机。我会在内心里觉得，他拉不动肯定会自己解决，那是人家的工作，我没必要出手。

我这种看似冷漠的态度背后其实是有一个内在声音的，我觉得大哥不容易，我也不容易，我坐在自习室一天八小时写作，我也一样累。

当我内在有委屈，有情绪的时候，我其实是无法给予的。

只有我内在平和，或者感受到一天的写作之后，只有喜悦和幸福的时候，我才能给予出。

所以你感受到区别了吗？

或许在与素芳教练一起的时候的我，更需要的是放下对自己的评价和鞭打，而到了两年后，我已经可以有了行动的力气，所以就有了行动方案。

没有人可以代替你去做决定和改变，只有你自己知道，什么时候你是准备好了的。

而你自己定义的准备好，不论是不评价自我，还是做出行动向前一步，都是值得肯定的改变。

所以千万不要觉得自己没有行动，就又陷入自我评价的模式，有时候放下一个念头都是巨大的改变，不是吗？

愿你在成长的路上，能逐渐地看见自己，疗愈自己，爱自己。

8 放下别人,也是放过自己

"到现在你原谅他们了吗?那些你认为曾经伤害过你的人,留着干什么呢?是期待有一天他们来找你道歉吗,那时候你才能放下吗?如果他们早已经不记得了呢?如果这个伤害只有你自己记得,还记了这么多年,想想不觉得亏吗?"

这是结课时,老师对我们说的一番话。

结课就代表结束,和过去上课的晚上一样,我们也需要上交手机,保持一个独处,只是这次的时间更长,差不多有一天半的样子,而且要求尽量保持沉默,不说话。

学了这么多所谓的心灵成长,自以为做了那么多的自我挑战,到了最后毕业的时候,还有新的功课要做,其中一个需要解决的情绪就是"怨恨"。

为什么有怨?因为你们曾经"好"过,你对他有过期待,后来他没有满足你的期待,所以你开始怨了。

可是你的期待与他无关啊!对方并不知道你期待的到底是什么。

老师教了我们很简单的四句话:对不起,请原谅,谢谢你,我爱你。并且花了很长一段时间解释为什么是这四句，理由是什么，为什么是我对不起你，明明是你对不起我。

在全然接受了这四句话背后的力量之后，我坐在院子里的茶室中，在笔记本上写着一个又一个我觉得这么多年对我有所亏欠的人。

然后闭着眼想象那个人的样子，嘴上重复着这四句话，直到看到他的表情在我的想象里开始微笑，最后转身离去。

我看到了曾经特别喜欢后来却闹得很不愉快的老师，看到了欺骗过我的前任，看到了关键时候选择只顾自己的上司，还有很多看似不重要，但的确都在我的生命里留下过痕迹的人。

我对着他们每一个人真心地说着对不起，我区分着什么是当时他们本来的样子，而什么是我想象里的要求。我看到了自己因为情绪失衡，就把自己放在了一个受害者的位置，于是大肆发火，做了很多偏激的事情。

原来我一直在合理化自己那些所谓的受伤，忽略了对方真实的意图和感受。

对不起……请原谅，谢谢你……我爱你。

这四句话在重复再重复之后，仿佛有了魔力一般。我感受到那个人冷漠的脸孔变得柔和起来，然后慢慢地展露笑意。接着过去所有美好的时刻，就像走马灯一样，突然变成了很多个电影片段被我记起，原来我们曾经经历过这么多的美好时刻，原来我一直都把这些美好的瞬间放在怨恨的背面。

随着对方露出微笑,转身离去时,那些美好的时刻就像是一下子燃烧起来的老照片一样,顷刻化为了灰烬。

泪水无声地涌出来,但我非常平静,甚至都没有感受到鼻酸,我任由自己情绪平静地流眼泪,就当是好好告别。

原来这就是放下怨恨,放下了不好的,也放下了那些好的,就像一根线的两个端点,只有端点都没有了,线才会消失……

原来我是在用怨恨的方式记住他们,现在怨恨没了,他们就真的彻底走出了我的生命,这就是告别的时刻呀!

告别也是当天的作业,当时我以为告别可能是过去的朋友和逝去的亲人,但我没想到还有怨恨过的人,以及……那时候的自己。

在想象的画面里,我送走了所有怨恨过的人。然后我看到了每一人的背后,都还藏着一个自己:第一次体验到被欺骗,第一次体验到被伤害,第一次失恋,第一次被拒绝,第一次体会到失望,第一次感受到什么叫作痛彻心扉。

是所有那些人造就了这些我,我记住他们的同时,也是在记得这时候的自己。

这一个个自己被风干成了一枚枚提醒的标本,它们用那份痛提醒着我以后不要再碰,它们始终保持着痛苦的姿态,被封闭在一个个无尽的轮回里,持续痛苦着,无法得到重生。

对不起,请原谅,谢谢你,我爱你。

我对着许多许多痛苦瞬间的自己说出这番话,持续地说着,然后我看到那一张张痛苦的脸开始变得平静,开始慢慢微笑,最后全部消失。

我感觉,天终于亮了。

脸上不知道什么时候又布满了泪水划过的痕迹。我第一次体会到,"原来放下别人,也是放过自己"这句话背后的深意。

我送那些人走出了我的生命,我也解放了所有过去的自己。

后来我和老师分享我刚刚在功课里的体会,老师微笑着冲我点点头说,你做得很好,但你还有一些功课需要之后去面对。

我说,那是什么?老师回答说:是爱。

我知道,我在生命里最终的课题,出现了……

9 学着在爱里与自己和解

这是最后一篇关于情绪疗愈的分享了。有一个词我一直很少在之前的几篇分享里使用,但在最后一篇里,请允许我使用一下,这个词叫作"能量"。

我最初和你现在听到的这一刻一样,都觉得它很虚,不知道怎么去定义它。

如果我用教练的等级来解释的话,一些导师曾这样说:初级教练用大脑做教练,中级教练用心做教练,高级教练用身体做教练。

翻译一下就是,新手教练有时候会停留在事情上,会在逻辑上和客户对话,中级选手会通过自己的感受去和对方去链接,跟随对方心里的感受走,而大师级教练则会用自己身体的反应和直觉去提问。

所以有时候我围观一些教练对话,会觉得为什么明明是同样的问题,大师级别的教练这么问,对方就觉得有非常丰富的内容出现,我们作为新手这么问,就觉得是在干巴巴地推进度。

教练对话的玄学部分也正是在此,是最难的,也是最无法复制的,甚至可能是学不会,只能悟的。

能量是什么？链接又是怎样的？

我在前面的分享提到过，和更高版本的自己去链接。

我还用写书来举例子，比如现在我写到这里的时候，其实我就是一个链接状态，所以此刻我理解的能量，就像写作的那个灵感。

我其实也不知道它是怎么来的，但我就是觉得自己有话要说。

而以前我在写前几本书的时候，我最多就只是能感受到灵光一闪，冒出一句话，甚至一个画面。所以除了那句话和那个画面，我能感受到之外，其他的时候我都需要靠大脑的逻辑去编写，然后去改，再去读，再看是不是通顺……

所以一天 6500 字，有一大半的时候我都在做重复的事。

现在我就会觉得自己写得很顺。我不知道我要写的样子是怎样的，它没有一个标准的形态，不是固定的。但我能感受到我的大脑上方就像接了很多网线，我收到的都是已经打好字的内容，我几乎不用停顿，不用重读，甚至不用去想逻辑，就按照此刻手指打字的感觉直接打出来就好了。

如果看到这里，你觉得这股流畅可能是我之前的积累，或者是我厚积薄发的话，那你是否会相信，一个和你素未谋面过的人，当他在扮演你的亲人的时候，你会觉得就像灵魂穿越一样，包括对方站在那个角色说的话、提的问题，你都觉得，太像了，太对了！

我其实无法解释这个神奇的现象是如何发生的，所以我只能使用能量和链接这样的词来描述它。

关于爱的功课,我最难解决的一块,是我和父亲的关系。

可能你会发现,我的文章里提到母亲的次数很多,但提到父亲非常少。

我和我的父亲关系一度很糟,尤其在我青春期的成长历程里,大部分的时候父亲都是以一种暴力,甚至自私的角色出现的。再后来我大学毕业后,父亲则完全缺位,我们之间就像断了联系一样,我对他无话可说,他对我也无话可问。

每年春节回老家,更多的时候是我们两个对着一台欢声笑语的电视,一言不发。

我之前写过一篇推文,叫《我讨厌我爸爸》。里面回忆了所有成长瞬间里他对我的打骂,冷暴力,不负责,嘲讽,以及对我日后的影响。

我无法在自己的文字里说原谅他。在我的想象里,他也变得非常模糊,甚至一度毫无存在感。

我之前参加过一个和生命体验有关的培训。那其实是和临终告别有关的,提前带你去体会亲人的死亡、自己的死亡,等等。

亲人的死亡那个部分需要自己抽签,我抽到的就是我爸爸。那个体验式的培训很残忍,弄了一个类似灵堂一样的模拟场景,当我看到场地中间的"棺材"的时候,我一度甚至都不想跪下,因为我有满肚子的抱怨和委屈,我觉得我好憋闷,我不服啊!

最后我站着说了很久很久,在最终磕头的时候,哭得稀里哗啦。

第4章 专注做自己

那次的经历多少让我内心的冰层有所松动。但我也清晰地知道,我可能一辈子都不用指望父亲有一天会幡然醒悟,会说句抱歉,会像《人世间》里的那对父子一样,打一打,然后哭起来……

我内心很倔地觉得,那就是电视情节,在我家不可能出现。

之后过了很久,我上了一个名为"家排"的课程。去之前我没有了解过,我甚至不知道家排到底是啥意思。真正开始后也没有太多的起源讲解,老师只是交代说,你可以把你和谁的关系,放在这个场域里来看一看。

我也是今天在打算写这个文章的时候,特意搜了一下发现,家排的全称叫家庭系统排列,是起源于心理学的家庭治疗方法,是由心理学大师海灵格经过了三十多年研究才发展起来的。

因为这是在带我做心灵成长的老师开的一个单独的工作坊,所以基本是因为我非常认同老师,才在啥也不知道的情况下就报了名。

到现场之后我其实很晕,因为我根本不知道要干什么,所以只想先躲在角落去看看别人怎么玩。

有同学开始第一个报名,我就参观了一下玩法。很像是一个戏剧扮演,先列出这段关系里有谁,可能还有谁,然后邀请一个同学扮演你自己,邀请其他别的同学去扮演其他的角色,之后把这些"演员",按照你对关系的理解放在场地中央的任何位置。

之后这些扮演角色的演员们,开始根据自己身体直觉的感受在场地里开始走,最后走到一个他们自己觉得舒服的位置停下来。

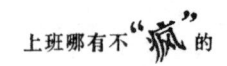

而报名的人则是在场外看着这个关系走向的变化，老师在关系远近图发生变化之后，会问报名者，这些关系里曾经发生了什么？你认为是怎么样的？

然后会去问场上扮演不同角色的人，他们在那个位置是不是舒服，为什么走到了这里，以及他们感受到了什么。

有时候也会出现演员之间的对话，而通常这时，场外那个报名者就已经开始觉得有所觉察，或者是泣不成声了。

因为是单独报名的工作坊，所以现场有很多我不认识的人，还有一些是我认识的同学。

如果不是因为我之前和那些认识的同学有接触过，我几乎不敢相信自己的眼睛。他们上场后在那个角色里说的话，那些精微的感受分享，和在课堂上看到的他们，判若两人。

如果不是有熟人在，我都怀疑这是提前彩排好的，包括角色和角色互相的对话。我甚至都开始怀疑，是不是他们代入了自己主观的理解。但一开始报名的人并没有讲故事，那他们是怎么体会到的呢？

我用逻辑无法解释这一切。正在我还处于震惊之余的时候，又一个同学举手报名了。这次她带来的是夫妻关系，她邀请了另一个同学扮演她自己，邀请了我来扮演她的先生。我当时就紧张起来了，因为课堂上她提问最多的也是关于她和老公的关系，似乎是正在冷战。我当时就想，我这要是万一说错话，会不会导致不好的结果啊！

第4章 专注做自己

我带着这份担心上场了,然后按照老师的提示,先闭上眼,然后被那位同学推到场地的某一个定点停下。

老师提示我们说,好了你们可以慢慢睁开眼,自由移动起来。

我就半闭着眼,然后先转了半圈感受了一下。突然就觉得右侧似乎有很强的电流感,仿佛是一盆带着静电的仙人球在那边。于是我本能地就往左走了两步,还觉得有压迫感,就又走了两步,再转了半圈,感觉舒服了,就站在了那里。

没想到居然呈现的是离主角最远的对角线。

老师问站在外场的同学怎么样?对方回答说,和自己想象得差不多。

之后老师邀请孩子的角色登场。我感受扮演孩子的演员在撮合我们,在试图各自牵起我们俩的手。然后我强烈地感受到女主人的一种反抗,她似乎不愿意这样。我就说出了我此刻的感受,老师在和场外的同学求证,果然对方说出了自己的担忧,她似乎很担心孩子跟着爸爸会被带坏,变得又懒惰又不上进。

然后老师让我们一家在场上走动起来,我能感受到我在追随"妻子"的脚步,但妻子似乎很坚决,速度也很快,而孩子跟着她很辛苦很吃力,我既心疼孩子,也心疼她。

整体都停下来的时候,老师让每个人说自己的感受,我就说了刚刚感受到的,然后对着那位同学说:我特别想说,你别那么冲,有些事你等等我,让我来。我特别期望你能在我面前示弱一下,不要那么坚强冰冷。

坦白说,我说这番话的那一瞬间,我几乎能感受到,那是一句不经大脑,而是由身体里的直觉带出来的一句话,以至于说完之后我自己也略微有些吃惊。

结束之后,我收到了那位同学发来的微信。她说谢谢你,让我看到了我自己和我老公身上我没有觉察过的一面。我自己那一刻也没有了之前的担忧,我完全相信我一定是和某种东西连通了,才收到了那样的一句话。

有了这样的体验之后,直到下午我终于有勇气举手报名。

我想看看我和父亲的关系,我在场上找人扮演了自己,找人扮演了母亲,找人扮演了父亲。

我站在场外,就像看一个微缩的话剧,看到"我"和"妈妈"开心地拉手在一起,看到父亲站在不远处,我不看他,但他在看我的背影。

不论我们三个人如何移动,我们俩的距离似乎都没有变,反而越拉越远。

最后老师问我,父亲小时候是跟随什么亲人长大的?我才想起奶奶去世得早,父亲从小是跟着爷爷长大的,于是老师提议可以找一个人扮演爷爷。

当看到扮演爷爷的演员上场的时候,我突然就双眼模糊了。我记忆里的爷爷,除了有一次因为我偷零食被锁在了柜子里,他训斥了我,此外爷爷都是慈爱的,对我永远都是宠溺的。他在我6岁那年就去世了,我几乎做梦都看不清他的脸,但小时候那种被人捧在手心里的感觉我一直都记得。

然后老师让演员在台上移动着走起来,我看到"爸爸"终于想要去拉"我"的手,但"我"甩开了,之后爷爷冲过来护着"我"。停在这一幕的时候,老师问台上的演员是什么感受,那个扮演"我"的同学说:"我能感受到他想过来和我示好,但我是害怕的,同时我也很烦,我觉得现在示好,太晚了!"

这句话直接就击中了我,没错,这就是我的内心独白。

那位扮演爷爷的同学说:"我当下就是心疼,既心疼孙子,又心疼儿子,还特别生气。"老师问,那你想说什么?她说:"我特别想说,你们俩怎么就不能好好的呢!怎么你这个当爹的就不能对孩子好一点呢?"

然后轮到那个扮演父亲的同学开口,他满脸委屈地说:"可是你当年就是这样对我的呀!我也想对他好,可我也不知道怎么做啊!我也想去爱他,可我自己都没感受过,我拿什么去爱?"

终于,我在场外泪崩了……

那是一场父亲没有在场的表演,我却仿佛觉得父亲就在我身边。我透过对他四十多年的记恨,对他的埋怨里,看到了原来我一直渴望要的那个东西,他自己从未体会过。

奶奶很早过世,爷爷外出当兵,哥哥结婚之后立刻分家另过,嫂子对他不闻不问,甚至拒绝在他的参军意见书上签字。

他的青春期一直都是苦过来的,他感受到的也是父亲的缺位,他调皮捣蛋,逃课不学习,他可能想要求得的就是一个关注。

据说他有一条穿了多年的棉裤，薄到里面的棉絮都磨没了，还是好心的邻居大娘实在看不过去，才帮他做了一条新的。

爷爷退伍之后，父子俩的模式就变成打骂，直到父亲也成家，直到我的出生，爷爷才把对父亲童年时候缺失的爱补偿在了我身上。

所以我才无法把别人口里会拿鞭子抽人的爷爷，和我感受到的慈爱的爷爷联系在一起。

父亲感受到的父爱就是缺失的，就是疼痛的鞭子，就是以后我用对你儿子的好，来表示我对你的爱……

他也不会，他也没有，他又怎么可能拿得出，给得出？

那是我人生四十年，第一次这么深刻地理解父亲，从里到外地感同身受。

我觉得我内心里冰封的感情突然被激活了，终于能理解为什么6岁以前父亲对我那么好，和我一起玩，因为那个就是他在他的父亲那里学得的。

而为什么我再长大，父亲就变成了讨厌的父亲，严厉的父亲，因为那也是他在青春期之后感受到的。

这么多年，他到底在我背后看了多久。

这么多年，我到底错过了多少他欲言又止的时刻。

这么多年，到底他有多少次动了动嘴唇不知道该说什么，而我这个所谓的读了大学的儿子，却也从没想过要先走一步。

我们都卡在无言的爱里面，沉默不语。

我第一次感受到了背后那深沉的目光，还有那背后的爱。

结束后，我走过去拥抱了那位爸爸。我发现他也哭了，他说他感受到了那股委屈的父爱，也感到了自己身上也有着说不出的爱。

我要坦白地承认，我曾经对父亲的埋怨，不仅仅是他没有给我爱，还有就是我在他身上看到的，爱就是责备。

我是如此讨厌这种在爱里挑刺的模式，直到一模一样的对话，从老家的餐桌上，变到了我自己小家的餐桌上。

那一刻我除了害怕，就是埋怨，我害怕我变成和父亲一样的人，我埋怨这一定是原生家庭的灾祸，他把他身上我最看不起的缺点"遗传"给了我。

其实只是因为我也没有从父母的关系里去体验和学会什么是亲密关系，我自己后天也没有更好的觉察，我为自己的偷懒找到了一个合理的借口，那就是父母没教好。

即便我到今天，我依旧还会日常反思，我在爱里还有什么功课，挑刺的毛病还在，我在爱的表达方式上还有所欠缺，我和母亲的关系会时常带出我的不够好的功课，我和家乡的关系，还缺少大爱、包容和谅解。

这些都是我需要去一点一点了解的。

如果我不能和自己出生的地方和解，和自己的父母和解，我的内心最底层始终都是不坚固的，我可能还需要一段时间。但我不着急，我相信自己会带着好奇和感动出发，学着去重新了解和发现。

10　让我们毫不费力地去开始新生吧！

如果你完成了情绪修复和内在疗愈，或者此刻你正在疗愈的过程里；如果你发现了自己的爱好和内在的喜悦，找到了可以与之相爱的事情，那就请做好准备哦！

我是在坚持了 30 天，每天都写一篇推文之后，才坐在这里和你分享这一点小小的经验。

等你想要行动的时候，也许会用得上。

按照 21 天养成一个习惯的理论来说，我似乎已经培养了一个新习惯。但真的是这样吗？又好像不是。我最讨厌的事儿就是坚持，尤其是毫无目的、毫无意义地坚持。

那我这么做的目的是什么呢？

是我需要获得一段"我也能做到连续多少天去做一件事"的体验，我要用这段体验来驳斥大脑里经常冒出来的那句"我就是三分钟热度，我本来就做不到"。

此外，我还需要创造一种体验：不是因为有多喜欢才能坚持去做，有时候不那么喜欢的事也是可以找到方式去做。

明确了这两个目的之后，我开始了自我测试计划。

一直以来,我都把自己当成一个有趣的试验品,当有一个想尝试的项目立项之后,我除了思考为什么去做之外,还会考虑到这么做了之后,我将获得什么其他的好处,也就是它是否可以复制。

所以关于这段写作的经验,我也的确考虑过:下一次我是不是可以用这段经验去更新小红书和抖音?感觉又多了两个好玩的平台和主题。

或者还有一个可以挑战的就是,30天去学外语演讲,不过这项任务难度不小,容我再等等。

总结来说就是,如果你打算去做一件事,想好你要获得的体验是什么,或许比成果更重要。

要学会自己定义什么是你认为的成果。

比如运动,如果你只在意体重的数字,可能会毫无成就感。又或者写文章,如果只把阅读量当标准,那我保证你一星期就更新不下去。

想好你要获得怎样的体验,再琢磨这种体验可能会怎样帮到你,帮到你什么。

有了这两个出发点,剩下的就是开始前的准备工作。

准备工作1:降低预期是必要的。

很多事重复做,一定会带来疲态,尤其是对于我这种很喜欢新鲜感的人,当你在这个过程中感到越来越拧巴的时候,往往需要看看,是不是对结果太执着?

"我明明可以做得很好，过去我也曾做得很好，为什么现在不行了呢？"因为做的事情不一样了。这也是为什么我从开始就把结果设定为收获体验，而不是重复经验。

成功过，没必要再重复。过去的成功也许是厚积薄发，现在的要求是细水长流。

干吗非要求自己用一个标准呢？放过自己，也就放下了标准。

准备工作 2：试着寻找对付意外的解决办法。

只要坚持，总会遇到意外。好像只要是计划做的事，就会召唤意外来敲门。

有时候也不是必须规定自己在固定的时间去做什么事情，尤其是写文章这种事儿，假如你让我一大早 8 点起来写，是能保证时间，但我没话可写啊！

在我刚给自己制定了一个三十天写作计划，准备开始执行时，意外来了：工作原因要去外地一周，还是去大山里，网络情况不知道怎么样，我也不想背电脑过去，这事儿怎么搞？

于是我就试着用手机客户端插图片，简单排版，更新发布。

好处是推文看着还过得去，坏处是错别字的自检功能没了，没办法回查，而且有的文章我还在尝试用语音输入直接转文字的方式，会导致错字率更大一点。

但这个尝试很有意义。

我决定不再纠结错字这件事，可没想到上了山就被通知要收

第4章 专注做自己

走手机,那唯一能有时间写东西的机会,就是早晨和中午,索性就把山上的见闻当作素材写出来,也挺好的,然后多拍照,配合文章,做成图文日记。

这个尝试让我逐渐适应了手机写稿,逐渐摆脱了必须要开电脑才能写稿的难题,再配合之前买的蓝牙卡槽键盘,把手机放在键盘上,轻轻松松就能在手机上写完。

在解决所有意外的过程里,依旧要多留意自己的情绪,看看自己是焦虑恼怒更多,还是好奇更多?

之前的我纠结于结果,非常想要一个标准意义上的好结果,所以很容易对变化焦虑,也很容易气急败坏地评判自己,但这次则是不断收获惊喜和好奇。

最后的提醒:别忘了让你的成果可视化。

哪怕你和我一样不爱写总结,你都要在做完之后,给自己试着写一个总结,也可以换一个属于你的形式,例如完成第一个你觉得最难的阶段,要做一个什么样的公示?

买个小礼物:钥匙扣或冰箱贴?最好是买那种抬眼就能看到的东西,去鼓励自己走过了第一关。第二关、第三关同理。

如果你要做的事很有挑战的难度(比如我之后的开口用外语做演讲这事儿),也可以给自己的任务设置一些平替和权限:拥有一周一次不打卡的权限,这点对那些很喜欢打卡,但又很怕断档的小伙伴很好用。

如果你的目标是读书或者是推文,那允许自己把看一眼目录,或者今天推一张照片当作平替。

千万不要小看这种平替的作用，对那种喜欢 365 天打卡的人来说，平替 = 最小完成目标，它往往是一个人可以喘一口气的机会，就像背着麻袋负重前行的人，偶尔需要停下来吸一口气是一样的。

如果坚持就像是跑马拉松，不是比谁更快，而是比谁更久，那么给自己喘口气的机会很重要。我还做过好玩的积分兑换制，提前做好分阶段的礼物，将不同阶段的成果变成不同价位的礼物，也很好玩，顺便还能把自己的愿望板做出来。

人生，有很多玩法儿。这次的游戏我玩得很开心。

刚刚数了一下自己更新的三十天也没觉得辛苦，我写了游记、电影、狗狗、观点、故事、看法，还有图书。

我期待自己的这份体验，可以抵消这个时代带来的某种急功近利，比如被所谓的前辈不断告知要蹭热点啊！要做数据啊！要垂直你才能接到广告啊！

唯有热爱可抵岁月漫长。

最终陪着自己的，只有自己。

什么前辈啊，道理啊，过几年再看，啥也不是。

再好听的道理，也要自己相信，自己舒服才行。

不一定非要一辈子只做被人安排好的班。

愿我们每个人都可以找到自己喜欢的事业，为自己工作，都可以在"去做"当中，体会丰富和完整！

愿我们都能不那么鸡血焦虑，能跟着自己的心，开心前行！

Tips：情绪疗愈的 10 条指南

（1）任何情绪都需要被看见，你得先知道那是什么，给自己的情绪命名，体会看起来相同的情绪背后的区别。

（2）当你有相同的情绪经常出现的时候，不妨把它想象成小朋友的样子，问问他想和你说什么，看看他如何回答。

（3）感受在情绪疗愈当中尤为重要。有的人感受丰富，有的人可能触动不大，试着用"它像什么一样"的方法表达，也许会比较容易讲出具体的感受。

（4）参加任何体验式培训或者课程时，一定要保持空杯心态。

（5）在任何学习的过程里，老师不一定是完美的，所以不用去挑刺教学里的严谨，尝试把重点放在自我体会里，在交流的过程里做到坦诚和尽可能的无评判，这样收获会更充分。

（6）情绪压抑太久，一下子爆发出来后可能会吓到自己。如果你发现自己有呼吸急促，甚至是无法站立的情况，请及时向身边的人求助。

（7）一定会有很多神奇的体验发生，保持敬畏心和相信，不要试图用头脑和逻辑去解释。

（8）把所有的体验和觉察试着转化成行动，哪怕这个行动只在思想上也可以，你释放的善意，对方是可以感受到的。

（9）恐惧是很多情绪的源头。它可能会经常出现，可以试着使用冥想的方式脱敏。

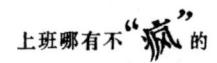

（10）如果有自己喜欢的对话风格，可以尝试在教练式对话开始之前先告知你的教练。哪怕你的要求是"我不喜欢你一直提问，我喜欢我说完之后你也说几句"，相信你的教练可以做到。

后 记

40 岁以后的我们

我终于写完了这本书，这个过程是一个神奇的体验。

8天的时间，每天9个小时的不间断写作，共计写了11万字，这放在以前是不可想象的，但它确实发生了。

刚刚拍下这些天写的数字，发在朋友圈的时候，我没有骄傲，只有一种敬畏和神奇。

或许是到了快要告别的时刻，我自觉有些慌乱。一早来就略微有点不在状态，上午写了两篇，我能清楚地感受到，那不是汩汩流淌的感觉，反而像卡壳，一顿一顿的。

中午吃过饭之后，我看了一会书，然后在自习室的飘窗那坐着，冥想了一会儿，想象那个潜力无穷的高我此刻正在与我面对，我问他：为什么我写得不顺了？是我的体验要消失了吗？

我听到他回答说，因为你感受到了分别，分离的感觉拉低了你的状态，你开始在意你写的内容是不是读起来顺畅，还是试图去修改，总想着还可以更好一点。

你试着把"自我"变小一点，其他的人才能进来。

不用反复检查，这是别人的功课。

也不用总是试图要做得完美，你只有暴露出了不完美，别人才能参与进来。让每个人都能在这本书里放一点自己的理解，看见自己想看见的样子，这才是一本书原本的意义。

写作是这样，人生似乎也会这样。

过去我们把顺与不顺归结为够不够努力，往往到了40岁之后，我们开始相信运势、风水，开始觉得一定有些超自然的东西在影响着自己。

人的最大卡点，也许恰恰是看不见自己。

表弟今天和我聊天时说起，看了招聘网站后，整个人都郁闷了，很担心他到了40岁以后怎么办，是不是要成为一个被抛弃的人。

不论30岁还是40岁，我们可能都会体验到被抛弃的感觉，那种游离在某种东西之外的，无法融入的担忧，一直在影响着我们。

后记 四十岁以后的我们

如果我们的感受是被封锁的,大脑可能就会不自觉地拼命喊,赶紧加班吧!这样你才不会被裁员!赶紧做个什么什么账号吧!这样才能心安,有备无患!或者是赶紧买房结婚吧!这样才不被社会所抛下……

人是一个非常复杂的综合体,在外界的各种体系当中,我们被切割成不同的截面,但人也足够纯粹和简单,头脑、身体、感受,缺一不可,不论哪个部分再强大,也无法护住你度过一生。

身后的变化很多,意外又总是不请自来,在变化的洪流面前,人类到底要如何平衡自我,是我们每个人都在探寻的,它不是一时的,它关乎一生。

我试图用自己生命里这三年的体验为你展示一下,我是如何挣扎,如何坦白,如何痊愈,如何起立的,我无意希望你以我为鉴,但如果我的任何一点感受让你觉得有触动,我相信那都是激活的种子。

40岁之后的我们会怎么样?

会更平和更从容吗?是更佛系还是更璀璨呢?

我觉得也许只会更完整,更丰富,更胖点吧,哈哈!

谢谢你跟着我一同回味这段生命之路,如果你相信有能量,那也请相信此刻我带着祝福,双手合十:

愿你体会生命的完整,体会情绪的波澜,体会关系的流动,体会宇宙的振动。

愿你在某刻能感受到身心一体,放下评判,与万物合一。

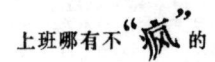

愿你日日心存美好，愿你直视焦虑，体验愤怒，解放恐惧，拥抱自己。

愿40岁的你我，共同绽放。

小川叔

朋友们眼中的小川叔

小川叔是个内心特别温柔和善良的人,他内在清明,知道每一刻自己在做什么,未来去往哪里。在内在探索和自我成长的路上,他充满了浓烈的好奇心,由此产生的巨大动力让他越走越远,敢于面对真实的自己。

这短短两年,小川叔完成了他的灵魂蜕变,越来越柔和,内在充满了力量和爱,而且也在通过自己的天赋——写书和演讲来影响很多人。

很荣幸也很开心和这样的小川叔认识,并且一起共同成长。

国际教练联合会认证 ACC 教练
(AssociateCertified Coach)
梁小平

小川叔在40岁的时候，做了个重大决定：裸辞。相信这也是很多人都会面临的课题，身体耗损不断，不想再扎身职场，或者想追求自我实现……其实，我们是有选择的，一是照着所谓的世人之路，不免要让内卷、恐惧、焦虑、不安、担忧等负能量一直困扰自己；二是努力找到真实的自己，寻求自我实现之路。后者无疑是更难的。

你是独一无二的，你的路只能自己来找。

幸而有小川叔这本书即将出版，相信可以给面临同样问题的人一个参考和指引。

小川叔说：真正的幸福始于行动，但终于感受。祝福每个看了此书的人，远离恐惧和焦虑，找到自己的热爱，能量满满。

君联资本董事、滴滴前高级副总裁、
联想集团前全球副总裁　付军华

生命中，每个人都会攀登两座山。

通过攀登第一座山，获得财富、名誉和地位；通过攀登第二座山，收获心灵的成长，找到人生的意义，让自己的生命得以绽放。

　　小川叔用平实的语言讲述了自己的故事，从直面职业发展的意外转换，到克服内心的焦虑，最后走上认清自我内心的成长之路。他的经历，也许正是众多当代年轻人的生活缩影。这本书值得大家用心阅读！

北京市京都律师事务所高级合伙人　黄雅君

　　认识小川叔是在一次教练课上，刚开始觉得这个人有点油腻，有点骄傲，在我看来，一个知名作家，总归会有点架子。就这么不温不火地联系了一年多，在一次聚会中，我提及要去上一个关于生命觉醒的课程。没想到平时看上去很有架子的他在我的召唤下，和我一起踏上了探索的旅程……

　　通过两年的共处，最大的感受是，原来他是一个内心如此纯粹的人，放下了自我的骄傲，放下对他人的评判，全然接纳生命给予的一切，通过文字传递善意与美好！这就是我认识的小川叔，他的蜕变，非常值得大家一起探索、学习，共同成长！

全景求是联席 CEO、如果生命赋能联合创始人　蔡彦芳